Die fremddienliche Zweckmäßigkeit der Pflanzengallen

und die Hypothese eines überindividuellen Seelischen

von

Erich Becher
o. Professor an der Universität München

Verlag von Veit & Comp., Leipzig
1917

Selbstdienliche, artdienliche und fremddienliche Zweckmäßigkeit

Im folgenden soll auf eine Art organischer Zweckmäßigkeit hingewiesen werden, die in allgemeinen Bearbeitungen des biologischen Teleologieproblems, mögen sie von Philosophen oder Naturforschern herrühren, gegenwärtig leider ganz vernachlässigt zu werden pflegt. Diese besondere Art der Zweckmäßigkeit, die wir an den Pflanzengallen oder Cecidien verwirklicht finden, und die als *fremddienliche* bezeichnet werden mag, dürfte aber für das allgemeine biologische Teleologieproblem von großer Bedeutung sein.

Daß viele Pflanzengallen eine auffallende Zweckmäßigkeit aufweisen, die nicht den gallentragenden Pflanzen selbst, sondern den diese oft empfindlich schädigenden gallenhervorrufenden Parasiten dienlich zu sein scheint, ist den Naturforschern längst wohlbekannt. Bereits Marcello Malpighi, der in der zweiten Hälfte des 17. Jahrhunderts die wissenschaftliche Gallenkunde begründet hat, spricht sich klar über dieses teleogische Verhältnis aus: „Nicht nur für die vollkommenen Tiere hat die Natur festgesetzt, daß sie sich gegenseitig zur Nahrung dienen, sondern auch den Insekten und unvollkommenen kleinen Tieren, denen in den Pflanzen gewissermaßen ein fettes Erbe gegeben ist, hat sie eine solche Geschicklichkeit verliehen, daß sie nicht bloß von jenen ihren täglichen Unterhalt empfangen, sondern daß sie die Pflanzen selbst zwingen, den an ihnen abgelegten Eiern den Uterus und sozusagen die nährenden Brüste zu ersetzen. Diese Dienstleistung der Pflanzen erfolgt nun nicht anders als durch ihre eigene Verunstaltung, so daß durch den an die Insekten gezahlten Tribut der eigene Haushalt der Pflanzen verändert wird und durch falsche Leitung der Ernährung und Zersetzung ihres eigenen Saftes die Neubildung von Organen erfolgt, indem häufig krankhafte Geschwülste auftreten, die wir mit dem Namen G a l l e n belegen wollen [1])."

Die Zweckmäßigkeit der Pflanzengallen dient nicht der gallentragenden Pflanze, dem Gallenwirt, sondern dem Gallengast, dem fremden Lebewesen, das die Gallenbildung anregt. Diese Art von Zweckmäßigkeit, die nur dem fremden Organismus zugute kommt und geradezu für ihn eingerichtet und bestimmt erscheint, wollen wir als f r e m d d i e n l i c h e bezeichnen.

Obwohl die Naturforscher und Cecidologen diese fremddienliche Zweckmäßigkeit längst kennen und oftmals behan-

---

[1]) M. Malpighi, Pflanzenanatomisches Handbuch. Deutsch von Moebius. Ostwalds Klassiker der exakten Wiss. Nr. 120. Leipzig 1901 (mir zurzeit unzugänglich; ich zitiere nach E. Küster, Die Gallen der Pflanzen. Leipzig 1911, S. 12, 13).

delt haben, wird sie doch in den allgemeinen Bearbeitungen des biologischen Teleologieproblems vernachlässigt. Die allgemeinen Theorien der organischen Teleologie pflegen nur die selbstdienliche und die artdienliche Zweckmäßigkeit zu berücksichtigen. S e l b s t d i e n l i c h sei eine Zweckmäßigkeit genannt, die im Dienste des Organismus steht, der sie aufweist. So ist z. B. die Zweckmäßigkeit des Raubtiergebisses selbstdienlich. A r t d i e n l i c h heiße eine Zweckmäßigkeit, die, wenngleich nicht dem sie aufweisenden Individuum selbst, so doch wenigstens seiner Art zugute kommt. Artdienlich sind die Milchdrüsen der Säugetiere, die Brutpflegeinstinkte usw. Die artdienliche Zweckmäßigkeit steht meist, jedoch nicht immer, im Dienst der eigenen Nachkommen; artdienliche Brutpflegeinstinkte finden wir ja auch bei Insektenindividuen, die keine eigenen Nachkommen hervorbringen, z. B. bei Arbeiterbienen.

In der älteren theistischen und deistischen Teleologie spielte die Annahme fremddienlicher Naturzweckmäßigkeit eine große Rolle. Gottes Güte hat bei der Erschaffung der lebenden Natur für Mensch und Tier mancherlei nützliche Pflanzen hervorgebracht, Früchte zur Ernährung und Erquickung, allerlei Kräuter zur Heilung von Krankheiten und Gebrechen, farbenprächtige, duftende Blumen, um des Menschen Sinn zu erfreuen.

Diese Art teleologischer Betrachtung, die überall in der Organismenwelt fremddienliche, insbesondere menschendienliche Zweckmäßigkeit erblickte, spielt in der Naturwissenschaft gegenwärtig keine Rolle mehr. Die fortschreitende Biologie sah immer mehr, daß die Fülle der organischen Zweckmäßigkeit selbst- und artdienlichen Charakter trägt. Die schmackhaften Früchte bieten sich Mensch und Tier zum Genuß an, damit diese die Samen der fruchttragenden Pflanzen verbreiten; die leuchtenden und duftenden, honigspendenden Blumen locken Insekten an [2]), damit diese durch Uebertragung des Pollens die Befruchtung einleiten. Kurz, auch die zunächst fremddienlich erscheinenden Einrichtungen stehen im Dienste der eigenen Art, etwa ihrer Fortpflanzung; und bei zahlreichen Gebilden des Tier- und Pflanzenkörpers, z. B. bei Sinnesorganen und Geschlechtsdrüsen, liegt der selbst- und artdienliche Charakter ja von vornherein auf der Hand.

Die Darwinsche Erklärung biologischer Zweckmäßigkeiten drängte die Annahme fremddienlicher Teleologie vollends zurück. Die Selektionstheorie zielt eben auf die Erklärung selbst- und artdienlicher, nicht aber fremddienlicher Zweckmäßigkeiten. Denn wenn an einem Organismus eine Variation auftritt, die nicht ihm selbst oder seinen Nachkommen, sondern irgendeinem fremden Lebewesen nützlich ist, so werden jener Organismus und seine Nachkommenschaft dadurch nicht im Daseinskampf begünstigt; solche fremddienlichen Zweckmäßigkeiten werden daher auch nicht durch den Da-

[2]) Im Anschluß an Sprengel nahm man allgemein an, daß auch die Farben der Blüten anlockend wirken. Diese Ansicht wird neuerdings durch v. Heß u. a. auf Grund sorgfältiger Versuche bestritten, von anderer Seite verteidigt.

seinskampf gezüchtet; sie werden also durch natürliche Zuchtwahl nicht erklärt werden können. Wer mit dem Neudarwinismus alle Anpassungen auf Selektion zurückführen will, wird fremddienliche Zweckmäßigkeit nicht leicht anerkennen.

Aber auch der Altdarwinismus, der manche Anpassungen als Gebrauchskräftigungen und Nichtgebrauchsschwächungen auffaßt, der also den „Funktions-Lamarckismus" [3]) neben dem Selektionismus zur Bewältigung des Teleologieproblems heranzieht, befindet sich in gleicher Lage. Denn die Gebrauchskräftigung etwa der Bewegungsorgane eines vielverfolgten Tieres ist zweckmäßig eben für dies Tier, trägt selbstdienlichen Charakter, und ein Gleiches gilt offenbar für die Schwächung und Verkleinerung nichtgebrauchter, funktionsloser Organe.

Andere deszendenztheoretische Versuche einer Zweckmäßigkeitserklärung führen ebenso günstigenfalls zu einer Erklärung der selbstdienlichen Zweckmäßigkeit, nicht aber der fremddienlichen. Betrachten wir noch den psychovitalistischen Lamarckismus [4]), der die Anpassungen auf seelische Faktoren,

[3]) Vgl. L. Plate, Selektionsprinzip und Probleme der Artbildung. Ein Handbuch des Darwinismus.[4] Leipzig u. Berlin 1913. S. 591.

[4]) Vgl. das grundlegende Werk von A. Pauly, Darwinismus und Lamarckismus. Entwurf einer psychophysischen Teleologie. München 1905; ferner A. Wagner, Geschichte des Lamarckismus als Einführung in die Psychobiologie der Gegenwart. Stuttgart o. J. (1909 ?). Nicht unwesentlich anders gestaltet psycholamarckistische Ideen O. Prochnow, Der Erklärungswert des Darwinismus und Neo-Lamarckismus usw. Berl. Entomol. Zeitschr., Beiheft. Berlin 1907; ders., Der Erklärungs-

auf ein Verspüren von Bedürfnissen, ferner etwa auf Probieren von dadurch angeregten Reaktionen, auf lustvolles Verspüren der Bedürfnisbefriedigung beim Vollzug einer nützlichen Reaktion und auf gedächtnismäßiges Festhalten der so ausprobierten zweckmäßigen Reaktionen zurückführt. Die Bedürfnisbefriedigung und dementsprechend das Festhalten einer Reaktion wird aber nur dann eintreten, wenn sie für den Organismus selbst, nicht hingegen, wenn sie nur für ein fremdes Lebewesen zweckmäßig ist.

Alle diese deszendenztheoretischen Erklärungen der Anpassungen [5]) haben die Annahme rein fremddienlicher Zweckmäßigkeit auch dadurch zurückgedrängt, daß sie die theistische Teleologie, die einst mit jener Annahme eng verbunden war, beiseite schoben.

---

wert usw., Selbstbericht u. Gegenkritik. Intern. Entomol. Zeitschr. 10 (1909); ders., Mein Psychovitalismus. Arch. f. Rass.- u. Gesellsch.-Biol. 6 (1909). Eine weitere Entwicklung und insbesondere eine neuartige Ableitung bei E. Becher, Ueber Handlungsreaktionen und ihre Bedeutung für das Verständnis der organischen Zweckmäßigkeit. Scientia, Riv. di scienza. 8 (1910); ders., Seele, Handlung und Zweckmäßigkeit im Reich der Organismen. Ann. d. Naturphilos. 10 (1911) u. a., und bei E. Becher, Leben und Beseelung; Verh. deutsch. Naturf. u. Aerzte zu Münster. Leipzig 1912; ders., Leben u. Seele. Deutsche Rundschau 39 (1912); ders., Naturphilosophie. Red. v. C. Stumpf. Leipzig u. Berlin 1914. S. 405 ff.

[5]) Hier kommt nicht in Betracht, daß man vielfach zwischen Anpassung oder im Laufe der Stammesgeschichte erworbener Zweckmäßigkeit und primärer, d. h. dem Lebendigen ursprünglich eigentümlicher Zweckmäßigkeit unterscheidet. Vgl. dazu z. B. L. Plate, a. a. O. S. 554, 557.

So ist es dazu gekommen, daß in den allgemeinen Untersuchungen des biologischen Teleologieproblems die fremddienliche Zweckmäßigkeit keine Rolle zu spielen pflegt. Der Verfasser kann sich nicht einer einzigen derartigen Untersuchung erinnern, welche die fremddienliche Zweckmäßigkeit, wie wir sie bei Pflanzengallen finden, in Betracht zöge, obwohl jene merkwürdige Zweckmäßigkeit in cecidologischen Spezialarbeiten und in botanischen Werken sonst oft genug hervorgehoben worden ist. Bei Reinke [6]) und Driesch [7]) finde ich in Büchern, die sich aufs gründlichste mit dem biologischen Teleologieproblem befassen, die Gallen zwar erwähnt, aber nicht wegen ihrer seltsamen fremddienlichen Zweckmäßigkeit, sondern aus anderen Gründen. Reinke scheint sogar Pflanzengallen die Zweckmäßigkeit überhaupt abzusprechen: „Jede organische Entwicklung ist zielstrebig, mag das Ergebnis zweckmäßig ausfallen oder nicht; auch die Entwicklung einer Pflanzengalle ist ein zielstrebiger Vorgang, weil er in der Erzeugung einer bestimmten Gestalt seinen Abschluß findet [8])." Wenn hiermit den Pflanzengallen in der Tat Zweckmäßigkeit abgesprochen werden soll, so läge darin sogar strenge Konsequenz; denn Reinke definiert die Zweckmäßigkeit so, daß nur selbst- und artdienliche, nicht fremddienliche Einrichtungen unter den Begriff fallen: „Die Zweckmäßigkeit des Tiers ist

---

6) J. Reinke, Einleitung in die theoretische Biologie. [2]. Berlin 1911. S. 108.

7) H. Driesch, Philosophie des Organischen. I. Leipzig 1909. S. 101.

8) J. Reinke, a. a. O. S. 107, 108.

also eine für die Erhaltung seines Lebens und Geschlechts erforderliche Beschaffenheit [9])."

Definitionen der organischen Zweckmäßigkeit und Anpassung, die nur Selbst- und Artdienliches berücksichtigen und Fremddienliches von vornherein außer acht lassen, findet man häufig, während in allgemeinen naturteleologischen Untersuchungen die Berücksichtigung fremddienlicher Zweckmäßigkeit jedenfalls äußerst selten ist. Wie gesagt, kann der Verfasser sich keiner derartigen Berücksichtigung erinnern, und daß dies nicht allein auf Rechnung von Gedächtnisunzulänglichkeit kommt, ergibt sich ihm daraus, daß er gegenwärtig trotz langen Suchens in zahlreichen einschlägigen Werken keine Bezugnahme auf die fremddienliche Zweckmäßigkeit, wie sie die Pflanzengallen zeigen, zu finden vermag. Man darf also wohl sagen, daß die allgemeine Bioteleologie diese besondere Art der Zweckmäßigkeit vernachlässigt; die alleinige Berücksichtigung der selbst- und artdienlichen Zweckmäßigkeit bedeutet aber eine Einseitigkeit, die dem allgemeinen Problem der Naturteleologie gewiß nicht förderlich sein kann.

Belegen wir diese Einseitigkeit noch durch etliche Beispiele, indem wir zunächst einige weitere Bestimmungen der organischen Zweckmäßigkeit und Anpassung anführen, die nur auf Selbst- und Artdienliches passen! Wir beschränken uns dabei auf Begriffsbestimmungen aus unseren Tagen. Lassen wir zunächst einen modernen „Altdarwinianer", den

[9]) J. Reinke, a. a. O. S. 103.

Zoologen Plate, zu Wort kommen! In seinem Handbuch des Darwinismus heißt es: „Das Wort „Anpassung" wird im dopdoppelten Sinne gebraucht, erstens und gewöhnlich zur Bezeichnung eines fertigen Zustandes, einer Einrichtung, welche, um mit den Worten von Roux . . . zu reden, die „Dauerfähigkeit" der betreffenden Art erhöht, also der Erhaltung des Lebens eines Individuums oder seiner Nachkommen dienlich ist[10]). Zweitens zur Bezeichnung eines Vorganges, als Substantiv von „sich anpassen", um den Erwerb einer nützlichen Einrichtung anzudeuten . . .[11]).

Hören wir nunmehr nach dem mechanistisch gesinnten Altdarwinianer und Zoologen einen Mechanisten und Philosophen, der dem Neudarwinismus huldigt, N. Hartmann, einen Neukantianer der Marburger Richtung: „. . . alle Teile und Teilprozesse sind von Grund aus zweckmäßig in bezug auf den Organismus als Ganzes, d. h. auf seine Selbsterbauung und Selbsterhaltung, oder die Erhaltung seiner Art[12])."

Wenn so beide Mechanisten darin einig sind, daß sie nur selbstdienliche und nachkommen- bzw. artdienliche Zweckmäßigkeit ins Auge fassen, so finden wir auch bei Vitalisten dies Beiseitelassen der fremddienlichen Zweckmäßigkeit.

---

[10]) Die Sperrung rührt von Plate selbst her.

[11]) L. Plate, a. a. O. S. 554.

[12]) N. Hartmann, Philosophische Grundfragen der Biologie. Wege zur Philosophie, Nr. 6. Göttingen 1912. S. 7.

Geben wir zunächst einem theistisch gesinnten Philosophen das Wort, der dem aristotelischen Vitalismus sehr nahesteht. Bei J. Geyser lesen wir: „Form und Funktion der lebenden Individuen müssen also darum das Prädikat der Zweckmäßigkeit[13]) erhalten, weil sie geeignet sind, die Selbstentwicklung des Individuums unter den ihr gestellten äußeren Bedingungen in einer für die Art des Individuums spezifischen Form zu ermöglichen[14]).“ Die Zweckmäßigkeit dient der Selbstentwicklung des Individuums, ist selbstdienlich.

Bei einem theistisch gesinnten Denker mag man eine Betonung fremddienlicher Naturzweckmäßigkeit an sich am ehesten erwarten; wenn wir sie hier nicht finden, so erklärt sich dies aus dem sehr berechtigten Bestreben des Philosophen, mit allgemein herrschenden naturwissenschaftlichen Anschauungen zu rechnen und sich nicht leichthin darüber hinwegzusetzen. Wie stark aber diese herrschende Auffassung von dem selbst- und artdienlichen Charakter der organischen Zweckmäßigkeit sich aufdrängt, erhellt besonders daraus, daß selbst ein theistisch (und vitalistisch)[15]) gesinnter Botaniker, wie Reinke, in seiner oben angeführten Begriffsbestimmung[16]) ihr Tribut zahlt, ein Forscher also, dem die Pflanzen-

[13]) Die Sperrungen finden sich auch bei Geyser selbst.

[14]) J. Geyser, Allgemeine Philosophie des Seins und der Natur. Münster i. W. 1915. S. 371.

[15]) Vgl. übrigens J. Reinke, a. a. O. S. XIV, XV.

[16]) Vgl. oben S. 9, 10; J. Reinke, a. a. O. S. 103.

gallen genau bekannt sind, ja der sie in dem angeführten Werke wenige Seiten später selbst erwähnt [17]). Und Reinkes theistischer Vitalismus könnte sich offenbar sehr leicht mit der fremddienlichen Gallenzweckmäßigkeit abfinden. Doch davon später!

Führen wir als Beispiel noch einen anderen hervorragenden Botaniker an. Sachs bestätigt uns: „Im Grunde versteht man unter dem Ausdruck, es sei diese oder jene Einrichtung an einem Organismus zweckmäßig, weiter nichts, als daß dieselbe mit zur Existenzfähigkeit desselben beiträgt [18]).“ Der verdienstvolle Begründer der Entwicklungsmechanik, Roux, führt nicht die Zweckmäßigkeit überhaupt, sondern speziell die „Selbstnützlichkeit“ oder „Autophelie“ als allgemeine und charakteristische Eigenschaft der Lebewesen an [19]), was ja an sich völlig berechtigt ist, uns aber bestätigen kann, wie sehr die s e l b s t d i e n l i c h e Art der Zweckmäßigkeit gegenwärtig betont wird.

Wir werden uns nun nicht weiter wundern, wenn wir bei einem wohlorientierten Teleologen lesen: „Die Annahme also, daß Einrichtungen und Vorgänge in teleologischer Relation zu anderen Lebewesen als dem Individuum und der

---

[17]) J. Reinke, a. a. O. S. 108.

[18]) J. Sachs, Vorlesungen über Pflanzenphysiologie. Leipzig 1882, S. 14. In den 2., an manchen Stellen gekürzten Auflage (1887) fehlt der betreffende Abschnitt.

[19]) W. Roux, Die Selbstregulation, ein charakteristisches und nicht notwendig vitalistisches Vermögen aller Lebewesen. Abh. d. Kaiserl. Leop.-Carol. Deutschen Akad. d. Naturf. Bd. C. Nr. 2. Halle 1914. S. 11.

direkten Nachkommenschaft stehen, kann in dieser prospektiven Betrachtung nicht als voraussichtlicher Bestandteil einer künftigen Biologie bezeichnet werden [20])."

Diese Beispiele mögen genügen, um die Vernachlässigung der fremddienlichen Zweckmäßigkeit in allgemeinen und philosophisch gerichteten Betrachtungen darzutun. Auch von Verfassern, die das Zweckmäßige als das „Erhaltungsgemäße", „Lebenerhaltende", „Lebenfördernde", „Vorteilhafte", „Nützliche", „Bedürfnisgemäße" definieren, ohne den selbst- und artdienlichen Charakter dabei besonders hervorzuheben, pflegt dieser stillschweigend angenommen zu werden. Als eine Begriffsbestimmung, die auch für die fremddienliche Zweckmäßigkeit der Pflanzengallen wohl geeignet ist, erwähne ich im Vorübergehen E. Bechers Definition: „Wir bezeichnen diejenigen (organischen) Einrichtungen und Vorgänge als zweckmäßig, die den Anschein erwecken, als wenn sie von einem intelligenten [21]) Wesen zum Erreichen eines vorausgesehenen Zieles geschaffen oder reguliert worden wären [22])." Bezüglich der wirklichen Entstehung des organischen Zweckmäßigen präjudiziert diese Definition nichts, während andere Begriffsbestimmungen auf bestimmte Entstehungstheorien zugeschnit-

---

[20]) P. N. Coßmann, Elemente der empirischen Teleologie. Stuttgart 1899. S. 123.

[21]) d. h. mit großem oder kleinem Verstand begabten.

[22]) E. Becher, Seele, Handlung und Zweckmäßigkeit im Reich der Organismen. Ann. d. Naturphilos. 10. S. 288.

ten sind, so z. B. die Auffassung des Zweckmäßigen als des Lebenerhaltenden, Erhaltungsgemäßen, auf den Darwinschen Selektionismus [23]), die Bestimmung durch das Merkmal der Bedürfnisbefriedigung auf den Psycholamarckismus Paulys und A. Wagners [24]).

Sofern die allgemeine Teleologie gegenwärtig nur die selbst- und artdienliche Naturzweckmäßigkeit zu beachten pflegt, hat sie kaum Anlaß, den Begriff der fremddienlichen Zweckmäßigkeit aufzustellen und vorzutragen. In der Tat finden wir bei zahlreichen Bearbeitern naturteleologischer Probleme den Gegensatz von selbst- und artdienlicher Zweckmäßigkeit einerseits und fremddienlicher Zweckmäßigkeit anderseits nicht einmal gestreift. Freilich lebt die Kantsche Unterscheidung äußerer und innerer Zweckmäßigkeit hier und dort in den Schriften von Naturphilosophen fort [25]). Aber diese Unterscheidung deckt sich nicht völlig mit jenem Gegensatze; die äußere Zweckmäßigkeit ist nicht identisch mit der speziell fremddienlichen, wie sie den Pflanzengallen zukommt. Die Existenz pflanzenfressender Tierarten gilt als äußerlich zweckmäßig für Raubtiere, denen jene zur Nahrung dienen. Da liegt aber die Sache ganz anders als bei den Gallen. Die

---

23) Vgl. z. B. L. Plate, a. a. O. S. 8, 554.

24) Vgl. etwa A. Wagner, a. a. O. S. 177: „... ‚Zweckmäßigkeit', d. h. die Uebereinstimmung zwischen Bedürfnis und dem Mittel der Bedürfnisbefriedigung ..."

25) Vgl. z. B. A. Stöhr, Der Begriff des Lebens. Heidelberg 1909. S. 327 f.

Pflanzenfresser könnten auch existieren ohne die Raubtiere; ihre ganze Organisation ist eine selbst- und artdienliche. Kurz, sie scheinen zunächst für sich selbst zu existieren und für sich selbst eingerichtet zu sein, und es ist in der Tat eine „äußerliche" Beziehung, daß sie Raubtieren zur Nahrung dienen. Anders bei der fremddienlichen Zweckmäßigkeit der Gallen; sie scheinen nur durch und für die Schmarotzer, die Gallengäste, zu existieren, speziell für sie zweckmäßig eingerichtet, nicht aber zugleich selbst- und artdienlich, sondern eher selbst- und artschädlich zu sein; denn indem die Gallen die schmarotzenden Gallengäste begünstigen, schädigen sie, so scheint es, die gallentragende Pflanze und ihre Nachkommenproduktion manchmal empfindlich.

Auch die Unterscheidung einer egoistischen und einer altruistischen Teleologie, der wir bei Pauly begegnen [26]), steht zwar in enger Beziehung zu dem Gegensatze von selbst-(und art-)dienlicher und fremddienlicher Teleologie, deckt sich aber nicht mit ihm, obgleich die Termini dies vermuten lassen könnten. Pauly definiert die altruistische Teleologie (soll heißen Zweckmäßigkeit) als eine solche, „deren Ursache nicht für sich selbst, sondern für einen anderen sorgt" [27]). Wie dies gemeint ist, wird deutlicher, wenn von der Darwinschen Zuchtwahllehre gesagt wird: „Auch sie ist eine äußere [28])

---

[26]) A. Pauly, a. a. O. S. 18.

[27]) Ebendort.

[28]) Hier hat das Attribut einen anderen Sinn als in dem Kantschen Begriff der äußeren Zweckmäßigkeit.

Teleologie, eine altruistische im weitesten Sinne dieses Wortes, da sie das Zweckmäßige nicht zum eigenen Werk des Organismus macht . . . [29])." Altruistisch im Paulyschen Sinne ist die theistische Teleologie und diejenige, welche in der Zweckmäßigkeit das Produkt der „gütigen Mutter Natur" erblicken möchte. Demnach fällt unsere fremddienliche Zweckmäßigkeit mit der altruistischen im Sinne Paulys nicht zusammen. Uebrigens lehnt Pauly die altruistische Bioteleologie ab.

Mit der Paulyschen egoistischen Teleologie darf die Autoteleologie A. Wagners [30]) wohl identifiziert werden; sie wird der theistischen Teleologie gegenübergestellt. Man spricht auch wohl von immanenter und transzendenter Teleologie, um den gleichen oder doch einen nahe verwandten Gegensatz zum Ausdruck zu bringen.

Unsere Unterscheidung selbst- und artdienlicher Zweckmäßigkeit einerseits und fremddienlicher Zweckmäßigkeit anderseits deckt sich mit keiner von diesen Begriffsbildungen. Hingegen dürfte unsere fremddienliche Teleologie mit der universell-organischen Teleologie [31]) Coßmanns zusammenfallen. Doch erscheint dieser Begriff Coßmann einstweilen als ein leerer; die Realität derartiger teleologischer Beziehungen wäre nach ihm erst nachzuweisen [32]).

---

29) A. Pauly, a. a. O. S. 21.

30) A. Wagner, a. a. O. S. 266.

31) P. N. Coßmann, a. a. O. S. 123.

32) Ebendort.

Soviel über den Begriff der fremddienlichen Zweckmäßigkeit und über ihre Vernachlässigung in der allgemeinen Naturteleologie der Gegenwart. Eine solche Vernachlässigung wäre unmöglich, wenn die fremddienlichen Zweckmäßigkeitserscheinungen in der Natur nicht gegenüber den selbst- und artdienlichen sehr zurückträten. Oben wurde dargelegt, daß ungemein einflußreiche Erklärungen der Zweckmäßigkeitsentstehung (Selektionstheorie usw.) die Annahme fremddienlicher Zweckmäßigkeit vollends zurückgedrängt haben; aber jene auf die selbst- und die artdienliche Zweckmäßigkeit zugeschnittenen Erklärungen hätten gar nicht solche Bedeutung erlangen können, wenn diese Zweckmäßigkeitsarten in der Natur nicht tatsächlich stark vorherrschten. Romanes bezeichnet die Pflanzengallen als „the one and only case in the whole range of organic nature, where it can be truly said that we have unequivocal evidence of a structure occurring in one species for the exclusive benefit of another“ [33]). Wie dem nun aber auch sein mag — von anderen Fällen wenigstens scheinbar fremddienlicher Zweckmäßigkeit dürfen wir hier absehen —, die Fremddienlichkeit verdient jedenfalls das ernste Interesse der allgemeinen Teleologie; auch wenn sie im Reich der Organismen verhältnismäßig selten sich findet, kann ihr große prinzipielle Bedeutung zukommen. Uebrigens bietet uns die Cecidologie immerhin eine nicht un-

---

[33]) G. J. Romanes, Galls. Nature 1890. 41 (mir zurzeit unzugänglich; ich zitiere nach E. Küster, a. a. O. S. 368).

beträchtliche Zahl und Mannigfaltigkeit fremddienlich-zweckmäßiger Erscheinungen.

Um unseren weiteren Betrachtungen eine feste Grundlage zu geben, wird es angebracht sein, an einer Reihe von Tatsachen die fremddienliche Zweckmäßigkeit der Pflanzengallen vor Augen zu führen. Natürlich können wir hier nur einige Beispiele aus dem weiten und formenreichen Gebiete der Cecidologie vorführen [34]); sie werden aber, so hoffe ich, durchaus hinreichen, das für unsere Zwecke Bedeutsame zu demonstrieren.

---

[34]) Eine eindringende Darstellung der allgemeinen Cecidologie bietet E. Küster, Die Gallen der Pflanzen. Ein Lehrbuch für Botaniker und Entomologen. Leipzig 1911; eine Uebersicht gibt desselben Verfassers Artikel „Gallen" im Handwörterbuch der Naturwissenschaften, hrsg. v. Korschelt . . . und Teichmann, 4. Jena 1913, S. 440—462; vgl. ferner E. Küster, Pathologische Pflanzenanatomie [2]. Jena 1916. Die Zweckmäßigkeit der Gallen wird von Küster nur sehr kurz besprochen. Vornehmlich der praktischen Beschäftigung mit der Gallenkunde dient H. Roß, Die Pflanzengallen (Cecidien) Mittel- und Nordeuropas, ihre Erreger und Biologie und Bestimmungstabellen. Jena 1911. Zur Einführung ist sehr geeignet A. Kerner von Marilaun, Pflanzenleben. 2. Leipzig u. Wien 1891. S. 511—546 ([3] neubearbeitet v. A. Hansen. 2. 1913. S. 201—222; ich zitiere im folgenden nach der ausführlicheren Darstellung in [1]), wo auch die Zweckmäßigekitserscheinungen hervorgehoben werden. In allen angeführten Werken viele lehrreiche Figuren; bei Küster und Roß, insbesondere in dem erstgenannten Werk, weitere Literaturangaben.

Die fremddienliche Zweckmäßigkeit der Pflanzengallen

Nach Küster sind als Gallen „alle diejenigen durch einen fremden Organismus veranlaßten Bildungsabweichungen (zu) bezeichnen, welche eine Wachstumsreaktion der Pflanze auf die von dem fremden Organismus ausgehenden Reize darstellen, und zu welchen die fremden Organismen in irgendwelchen ernährungsphysiologischen Beziehungen stehen [35]." Diese Begriffsbestimmung greift weit über das hinaus, was vom Laien unter der Bezeichnung Galle verstanden wird, und auch bei Botanikern findet man einen engeren Gallenbegriff, z. B. bei Kerner von Marilaun, der nur von Tieren erzeugte Auswüchse als Gallen bezeichnet [36]. Doch sind solche Differenzen für uns belanglos, da wir in der Hauptsache nur von Tieren erzeugte Mißbildungen, nur Zoocecidien, zu betrachten brauchen.

Indem die Küstersche Definition von „ernährungsphysiologischen Beziehungen" spricht, gibt sie uns einen Hinweis auf diejenige Gruppe von fremddienlichen Zweckmäßigkeits-

---

[35]) E. Küster, Die Gallen der Pflanzen ... S. 2.

[36]) A. Kerner von Marilaun, a. a. O. S. 520, 521, vgl. S. 511.

erscheinungen, mit der wir beginnen wollen. Gallentragende Pflanzen versorgen ihre Schmarotzer in auffälliger Weise mit Nahrung, indem die Gallen besondere Nährgewebe ausbilden. „Wir konstatieren, daß die reichen Nährstoffmengen, welche die Gallen bergen, immer dort sich anhäufen, wo sie den Gallenbewohnern zugänglich sind, und müssen namentlich die Vorgänge der Stoffwanderung und die Bildung sekundärer Nährgewebe in den Gallen verschiedener Neuroterus-Arten als äußerst bedeutsam für die Entwicklung der Gallentiere bezeichnen [37].“ Der Stickstoffgehalt der Gallen scheint im allgemeinen gering zu sein, mit Ausnahme der an stickstoffhaltigen Verbindungen reichen Gewebeschichten, die dem Parasiten naheliegen [38]; dort, wo dieser stickstoffhaltige Nahrung braucht, bietet die Pflanze sie also dar. Auch andere Nährstoffe, wie Stärke und Fette (Oel) stellt die Pflanze in der Galle ihrem Gaste freigebig zur Verfügung.

„Die Nährstoffe werden von eigenen Assimilationsgeweben der Gallen erzeugt oder von dem normalen Assimilationsgewebe des die Galle erzeugenden Organes zugeleitet. Dem gesteigerten Bedürfnisse entsprechend erscheint das

---

[37]) E. Küster, a. a. O. S. 397; vgl. H. Roß, a. a. O. S. 11. Ich werde im folgenden häufig Naturforscher zum Wort kommen lassen, damit man nicht vermute, meine Darstellung sei durch eine philosophische Vorliebe für Teleologisches gefärbt. Gerade bei Küster findet man eine ausgesprochene Abneigung gegen unsichere teleologische Vermutungen; vgl. S. 395 f., 399.

[38]) E. Küster, a. a. O. S. 245.

Leitungssystem im Bereiche der Galle meist mächtig gefördert, in anderen Fällen werden sogar neue Leitungsbahnen zur Galle angelegt[39])."

Es ist dafür gesorgt, daß der Schmarotzer ohne Schwierigkeit der Nahrung habhaft werden kann, daß nicht feste, dicke Zellwände die Erreichung der bereiteten Speise erschweren. Die Wände der „Larvenkammer" von sogenannten Markgallen bieten dem Schmarotzer „eine aus saftreichen, dünnwandigen Zellen gebildete ... Schicht, welche Markschicht oder Gallenmark genannt wird"[40]). „Während die äußeren Teile der Gallen eine derbwandige, oft dicht behaarte Epidermis besitzen, deren Zellen keineswegs durch besonders großen Plasmareichtum ausgezeichnet sind, ist die den Cecidozoen[41]) zugewandte Epidermis der inneren Teile meist dünnwandig, sukkulent, spärlich oder gar nicht behaart und oft sehr plasmareich[42])." „Ist in den Gallen ein mechanischer Mantel vorhanden", (so daß nur die innerhalb dieses festen Mantels gelegene Gallensubstanz für die Ernährung des Gastes in Frage kmomt) „so können auch außerhalb von ihm stoffspeichernde Zellen liegen; die der Larvenhöhle anliegenden Schichten ent-

[39]) O. Porsch, Wechselbeziehungen zwischen Pflanze und Tier. Allgemeine Biologie, hrsg. v. C. Chun u. W. Johannsen unter Mitwirk. v. A. Günthart. Kult. d. Gegenw. III, IV. 1. Leipzig u. Berlin 1915. S. 555. Vgl. E. Küster, S. 233, 236 ff.

[40]) A. Kerner v. Marilaun, a. a. O. S. 528.

[41]) d. h. den die Gallen hervorrufenden, in ihnen wohnenden Tieren.

[42]) E. Küster, a. a. O. S. 208.

halten vorzugsweise Fett- und Eiweißstoffe, die von ihr durch den mechanischen Mantel getrennten vorzugsweise Stärke; der Inhalt der Zellen des äußeren Speichers wird den Cecidozoen durch die Steinzellen hindurch in veränderter Form zugeführt . . .[43])."

Es ist ferner dafür Sorge getragen, daß dem Gallengaste frühe genug und lange genug Nahrung zur Verfügung steht. Die schon erwähnten Markgallen entstehen, indem bestimmte Insekten das Pflanzengewebe anstechen und in die Wunde ihre Eier legen, woraufhin dann die Gallbildung einsetzt. „Es ist bemerkenswert, daß die Ausbildung des Markes ungemein rasch vor sich geht, und daß sie sofort beginnt, nachdem das Ei in das Gewebe gelegt wurde. Die aus dem Ei ausschlüpfende Larve findet die Innenwand der ihr zum zeitweiligen Aufenthalte angewiesenen Kammer immer schon mit der nötigen Nahrung ausgestattet, fällt auch mit Heißhunger allsogleich über das saftreiche Zellengewebe an der Innenwand her und weidet dasselbe ab. Merkwürdigerweise wird der abgeweidete Teil der Zellen in kürzester Zeit wieder ersetzt. Die Zellen des Gallenmarkes verbleiben nämlich so lange, als die Larven in der Larvenkammer der Nahrung bedürfen, in teilungsfähigem Zustande, und wie auf einer Wiese aus dem von Rindern abgeweideten oder abgemähten Rasen alsbald wieder neue Halme und Blätter hervorsprießen, ebenso werden die in den Gallen-

[43]) E. Küster, a. a. O. S. 232, 233.

kammern abgeweideten oberflächlichen Zellagen in kurzer Zeit wieder durch neue, aus der Tiefe emporwachsende ersetzt [44]).“ „Im Innern der Pontaniagallen wird das zartwandige Parenchym, das die Larvenkammer auskleidet und dessen Zellen den Freßwerkzeugen der Gallenbewohner zum Opfer fallen, immer wieder durch callusartige Wucherungen regeneriert [45]).“

Nicht selten werden für die Schmarotzer (Milben) besondere dünnwandige plasmatische „Nährhaare“ ausgebildet. Betrachten wir z. B. die Galle des Eriophyes similis auf Prunus spinoza. „Die äußere, derbe Epidermis ist mit langen, kräftigen, dickwandigen Haaren ausgestattet . . .; die innere, weiche Epidermis hat nur vereinzelte Haare entwickelt, sie sind dünnwandig, haben ein außerordentlich weites Lumen und sind an Plasma sehr reich [46])“, stellen förmliche Säcke voll Nahrung dar. Also nur diejenigen Haare, die dem Schmarotzer sich darbieten, sind als Nährhaare ausgebildet.

Das Angeführte mag genügen, um die Fürsorge von gallentragenden Pflanzen für die Ernährung der Gallentiere zu zeigen. Inwieweit die großen lufthaltigen Interzellularräume vieler Gallengewebe [47]) für die Luftversorgung,

[44]) Kerner, a. a. O. S. 528, 529; vgl. Roß, a. a. O. S. 11.

[45]) Küster, a. a. O. S. 279.

[46]) Ebendort S. 220.

[47]) Ebendort S. 234, 398. Vgl. Porsch, a. a. O. S. 554: „Der Sauerstoff, den die in Entwicklung begriffene Larve zur Atmung benötigt, wird ihr durch reiche Ausbildung innerer Lufträume gesichert, in-

die Atmung der Cecidozoen zweckmäßig sind, kann hier unerörtert bleiben.

Die Pflanzen bieten in den Gallen ihren Gästen nicht nur Nahrung, sondern vor allem auch Obdach; viele Gallen stellen sozusagen Wohnhäuser dar, die von den Pflanzen eigens für die Cecidozoen gebaut worden sind. Bemerkenswert ist es, daß diese Häuser nach ganz verschiedenen Bauplänen errichtet werden; ja dieselbe Pflanze kann verschiedenen Gästen sehr verschieden angelegte Wohnungen bereiten. Doch brauchen wir auf die reiche Mannigfaltigkeit von Formen, die sich bei den ihre Cecidozoen ganz oder teilweise umhüllenden Gallen findet, hier nur einige Blicke zu werfen; es wäre auch wohl verfehlt, wenn man jede morphologische Eigentümlichkeit solcher Gallen teleologisch ausdeuten wollte [48]). Indes kann kein Zweifel darüber bestehen, daß es für die gallenbewohnenden Tiere sehr zweckmäßig ist, von den gallentragenden Pflanzen durch Blattrollungen, oder in falten-, beutel-, hörnchen-, köpfchen-, nagelförmigen Blattausstülpungen oder durch umwallende Wucherungen oder irgendwelche anderen Auswüchse und Umbildungen mehr oder weniger eingehüllt oder gänzlich eingeschlossen und so vor allerlei Unbill geschützt zu werden.

dem ein Teil des Gallengewebes in sog. Sternparenchym umgewandelt ist. Die Zellen dieses Sternparenchyms sind nämlich in verschieden lange Arme ausgezogen, welche große Lufträume zwischeneinander freilassen."

[48]) Vgl. Küster, a. a. O. S. 396.

Bei manchen Gallen entstehen durch gehäufte Ausbildung kleiner Organe viele Schlupfwinkel für die Cecidozoen [49]); hierher gehören die „Klunkern“ an den Blütenständen der Esche, an welchen sich die Blattgebilde zu Knäueln, Knöpfen und Schöpfen häufen. Verhältnismäßig primitiv sind meist auch jene Parasitenbehausungen, welche sich durch Einrollungen und Einfaltungen an Blättern bilden, obwohl dabei immerhin Gebilde von ganz merkwürdiger, bestimmter Form entstehen können (sichelförmige Gallen — Pemphigus semilunarius auf Pistacia). „Bisweilen ist mit der Rollung auch eine Veränderung des Blattumrisses verbunden. So z. B. erscheint an dem Laube der Silberpappel (Populus alba), welches schon in sehr jugendlichem Zustande von der Blattlaus Pachypapa vesicalis besiedelt wird, nicht nur eine Rollung, sondern auch eine tiefe Ausbuchtung der Spreite. An Stelle der stumpfen, kurzen Lappen entstehen spitze, lange Zipfel, welche sich nach erfolgter Rollung aneinanderlegen, sich auch mannigfach kreuzen und die Mantelgalle an der hohlen Seite mit einem förmlichen Gitter verschließen [50]).“ Die rollgallbildenden Blätter reagieren auf den gallerregenden Reiz aufsitzender Tiere insofern zweckmäßig, als sie stets eine solche Rollung vollziehen, daß das Tier in das Innere der Rollgalle kommt, mag es auf der Ober- oder Unterseite des Blattes sitzen [51]). Ebenso erfolgt

[49]) Küster, a. a. O. S. 396, Kerner, a. a. O. S. 538.

[50]) Kerner, a. a. O. S. 523.

[51]) Küster, a. a. O. S. 141.

bei den Ausstülpungsgallen unter dem Einfluß der Parasiten die Vorwölbung der Blattspreite, die sich schließlich zu einem etwa beutel- oder hörnchenförmigen Hohlraum gestaltet, immer so, daß die Parasiten in die Höhlung, den Beutel usw., zu liegen kommen[52]). Manchmal „entstehen Beutel und Taschen mit engem Eingang, der noch durch Haarbildung oder durch Dickenwachstum der Beutelwand besonders verengt werden kann[53])", „und bisweilen erscheint die Mündung mit Haaren förmlich ausgestopft[54])". Es können die Ränder einer Ausstülpungsgalle miteinander verwachsen, so daß die Behausung der Parasiten (Läuse) allseits geschlossen erscheint[55]).

Durch Schizoneura lanuginosa entstehen auf Ulmen große, unregelmäßig höckerige Gallen; merkwürdigerweise können diese Gallen nicht nur durch Beutelbildung aus einem Blatt, sondern (nach Keßler[56])) auch durch Deformation mehrerer junger Blättchen sich bilden. Die gleiche Pflanze kann also denselben Parasiten nach verschiedenen Bauplänen Häuser errichten.

Ein weiteres Konstruktionsprinzip finden wir bei den mannigfaltigen Umwallungsgallen, „bei welchen der Parasit

[52]) Küster, a. a. O. S. 143.

[53]) Küster, a. a. O. S. 144.

[54]) Kerner, a. a. O. S. 525.

[55]) Küster, a. a. O. S. 148, 149.

[56]) H. F. Keßler, Die Lebensgeschichte der auf Ulmus campestris L. vorkommenden Aphidenarten usw. Jahresber. d. Ver. f. Naturk. z. Kassel. Kassel 1878. Sep.-Abdr. S. 22 f.; vgl. Küster, a. a. O. S. 147.

anfänglich sich auf der Oberfläche des Wirtsorgans befindet, später aber von dem zu abnormem Wachstum angeregten Gewebe des Wirts allmählich umwallt und mehr oder minder vollkommen eingeschlossen wird. Bei der Umwallung bildet sich rings um den Parasiten ein Wulst, der zu einem kugligen oder kegelähnlichen Gehäuse rings um den Gallenerzeuger auswächst. . . . Ueber diesem schließen die Ränder des Ringwulstes mehr oder minder dicht zusammen; entweder es bleibt ein feiner Eingangsporus dauernd offen, oder die Ränder verwachsen miteinander. Auch wenn eine solche Verwachsung aber ausbleibt, können die Ränder so dicht aneinander schließen, ja sogar durch besonders geformte Randzellen so fest miteinander verzahnt sein . . ., daß die Gallen den Eindruck allseits geschlossener Gebilde machen [57])." Auch doppelte Umwallung sowie Kombination von Umwallung und Beutelbildung (bei der spitzigen, helmförmigen Buchenblattgalle von Mikiola fagi) kommen vor.

Ein Cecidium eigener Art, das von Kerner von Marilaun den Umwallungsgallen zugezählt wird [58]), aber auch mit den Rollgallen einige Verwandtschaft aufweist, ruft die Blattlaus Pemphigus spirotheca an Pappelblattstielen hervor (bei Populus nigra und P. pyramidalis). Diese Galle kommt zustande, indem die „Ränder des rinnenförmigen Blattstieles sich schwielig verdicken, als fleischige Wülste erheben und über die Rinne zusammenschließen; gleichzeitig findet eine

[57]) Küster, a. a. O. S. 150, 151.

[58]) Kerner, a. a. O. S. 523, 527 f.

schraubige Drehung des betroffenen Blattstielteiles statt, und es entsteht dadurch eine Galle, deren Höhlung wie das Innere eines Schneckengehäuses schraubig gewunden ist [59])"; die Richtung der Drehung ist verschieden [60]).

Den Umwallungsgallen können wir die Kuckucks- oder Ananasgallen anschließen; sie unterscheiden sich von jenen nur dadurch, daß an ihrer Ausbildung nicht nur ein einzelnes Glied (etwa ein Blatt) oder ein Teil eines Gliedes der Pflanze, sondern zahlreiche benachbarte Glieder beteiligt sind. „Die bekannteste und verbreitetste in diese Gruppe gehörige Galle wird durch die Blattlaus (Chermes abietis) an den Zweigen der Fichtenbäume . . . hervorgebracht. . . . Eine der „Altmütter" der genannten Blattlaus saugt sich zeitig im Frühlinge, ehe noch die Laubknospen der Fichten sich zu strecken beginnen, an der untersten Knospenschuppe fest und legt neben sich ein Häufchen Eier ab. Die Verletzung, welche durch das Saugen veranlaßt wird, und noch mehr die Einführung von Stoffen in das verletzte Gewebe, welche von dem saugenden Tiere herstammen, veranlaßt in dem darüberstehenden Teile des Triebes die merkwürdigsten Veränderungen. Die Achse des Sprosses verdickt sich. Die Basis der von dieser Achse ausgehenden nadelförmigen Blätter schwillt an und gestaltet sich zu einem weichen, weißlichen, saftreichen Gewebe, dessen Zellen unter anderem auch Stärkemehlkörner in großer Menge enthalten. Das freie Ende dieser nadel-

[59]) Kerner, a. a. O. S. 528.

[60]) Küster, a. a. O. S. 155.

förmigen Blätter behält die Form und dunkelgrüne Farbe der gewöhnlichen Fichtennadeln und erscheint der kissenförmigen blassen Basis aufgesetzt. Inzwischen sind aus den Eiern, welche von der Altmutter abgelagert wurden, junge Tiere ausgekrochen, welche ihre Geburtsstätte verlassen, zu dem umgeänderten Teile des Sprosses emporkriechen und sich dort verteilen. Nun beginnt infolge des Reizes, welchen die Tiere auf ihre Unterlage ausüben, eine neue Wucherung in dem bleichen, kissenförmigen Gewebe. Es erheben sich von demselben krempenartige Vorsprünge, Wülste und Wälle, zumal an der vorderen Seite eines jeden Kissens, die benachbarten Wülste schließen zusammen, und die jungen Blattläuse werden förmlich überwallt und eingekapselt. Sie verbleiben hier in den durch Ueberwallung gebildeten kleinen Höhlungen, ernähren sich, häuten und vermehren sich [61])."

Die oben bereits erwähnten Markgallen zeigen wiederum eine andere Entstehungsweise. Für sie ist charakteristisch, daß sich der Parasit von Anfang an im Innern der Gewebe der Pflanze befindet. Es handelt sich um mannigfach gestaltete Anschwellungen an einzelnen Pflanzengliedern, die hervorgerufen werden, indem Insekten das Pflanzengewebe anstechen und in die Wunde, manchmal tief in das Innere des Gewebes, ihre Eier ablegen oder einschieben [62]). Das Ei ent-

[61]) Kerner, a. a. O. S. 536, 537. Vgl. aber hierzu Küster, a. a. O. S. 156.

[62]) Kerner, a. a. O. S. 528.

wickelt sich im Innern der Anschwellung zur Larve, die dort, in dem nahrhaften „Mark", welches die „Larvenkammer" auskleidet, reichlich Speise findet. In manchen Fällen durchbricht die junge, wuchernde Galle die peripherischen Zellenschichten des infizierten Pflanzenteiles und bildet so eine „freie Galle" mit eigener Epidermis (Küstenmacher) [63]. Mit Küster [64]) dürfen wir von Markgallen wohl auch dann sprechen, wenn nicht das Ei, sondern ein aktiv sich bewegendes Tier in das Innere des Pflanzengewebes gelangt und dann Wachstumsprozesse anregt („Pocken" auf Birnbaumblättern). Dabei können höchst seltsame Vorgänge mitspielen: „Unter den jungen Larven des Neuroterus vesicator verflüssigen sich nach Weidel zahlreiche Grundgewerbszellen; es entsteht eine kugelförmige Höhlung, die mit einer kleinen Oeffnung mit der Außenwelt kommuniziert. . . . Die Larve kriecht durch die Oeffnung in die Höhlung, der offene Porus schließt sich, indem die Wundränder miteinander verwachsen, und die Larve ist in einer allseits geschlossenen Larvenkammer untergebracht [65])."

Selbst unter erschwerenden Umständen trägt die Pflanze Sorge, ihrem Gaste einen normalen, geeigneten Wohnraum zu beschaffen. „Interessant ist die Notiz Beyerincks, daß in der Galle von Cynips Kollari die Larvenhöhle auch dann noch

[63]) M. Küstenmacher, Beiträge zur Kenntnis der Gallenbildungen mit Berücksichtigung des Gerbstoffes. Jahrb. f. wiss. Bot. 26. 1894. S. 112; vgl. Küster, a. a. O. S. 158.

[64]) Küster, a. a. O. S. 159.

[65]) Küster, a. a. O. S. 160.

ellipsoidisch wie unter normalen Verhältnissen gestaltet bleibt, wenn abnormale Raumverhältnisse der Galle scheibenähnliche Form aufgenötigt haben"[65a]. Aus zwei benachbarten Gallplastemen, die um zwei Eier oder junge Larven entstehen, können sich einheitliche, mit zwei Larvenkammern ausgestattete Gallen bilden[66].

Das Angeführte mag genügen, um anzudeuten, wie die Pflanzen nach mancherlei Bauplänen ihren Gästen Wohnhäuser errichten, die reichlich Nahrung bieten und vor allerlei Schaden schützen, auch die Parasiten (Larven) unter günstigsten Lebensbedingungen festhalten, so daß sie nicht in Not und Elend verschlagen werden.

Doch nicht genug damit! Durch mancherlei weitere Vorkehrungen sorgen die gallentragenden Pflanzen für die Sicherheit, für den Schutz der Cecidozoen[67]. Man wird sogleich an den recht hohen Gerbstoffgehalt außerordentlich vieler Gallen (vor allem vieler Eichengallen), insbesondere ihrer äußeren Schicht, denken, der seit alters her bekannt ist und technisch verwertet wird; er kommt als Schutzmittel gegen Tier-, insbesondere gegen Vogelfraß in Betracht. Hühner picken gewisse gerbstoffreiche Gallen nur an, um sich dann

---

[65a]) Küster, a. a. O. S. 168.

[66]) Küster, a. a. O. S. 317.

[67]) Vgl. zum folgenden M. W. Beyerinck, Beobachtungen über die ersten Entwicklungsphasen einiger Cynipidengallen. Verh. d. k. Akad. d. Wet. Amsterdam 1882.

von ihnen abzuwenden, während gerbstoffarme Gallen von Hühnern und Finken reichlich verzehrt werden. Daß dieser chemische Schutz des öfteren versagt (und also nicht überschätzt werden darf [68])), dürfte seine Nützlichkeit nicht illusorisch machen, die denn auch häufig hervorgehoben worden ist [69]).

Schnecken und Raupen verschonen manche Gallen, während sie die gallentragenden Blätter fressen [70]).

Als Schutzmittel gegen Tierfraß kommen auch Steinzelleneinlagerungen, Hart- oder Schutzschichten in Frage. Inwieweit sie in dieser Richtung wirksam sind, ist strittig [71]). Doch sind solche den Gallengast in geringerer oder weiterer Entfernung umschließenden Hartschichten in anderer Hinsicht ohne Frage von Nutzen. „Es besteht kaum ein Zweifel daran, daß die Hartschicht vieler überwinternder Cynipidengallen für die Entwicklung der Tiere geradezu unentbehrlich ist [72])", sagt Küster, der doch in bezug auf teleologische Deutungen sehr zurückhaltend und skeptisch ist. Nach Kerner sind die Hartschicht und Rindenschicht „in der mannigfaltigsten Weise als Schutzmittel der Galle gegen die Gefahr des Vertrocknens im Hochsommer, andererseits gegen die Angriffe der Vögel und anderer größerer Tiere ausgebildet [73])." Aber noch eine wei-

[68]) Küster, a. a. O. S. 399.

[69]) Z. B. bei Kerner, a. a. O. S. 529, H. de Vries, Die Mutationstheorie. Leipzig 1901. S. 290.

[70]) Küster, a. a. O. S. 385.

[71]) Ebendort S. 399.

[72]) Ebendort S. 397.

[73]) Kerner, a. a. O. S. 529.

tere Funktion der Hart- und Schutzschicht ist in Erwägung zu ziehen, eine Schutzfunktion, der wohl auch andere Baueigentümlichkeiten von Gallen dienen können. Hören wir darüber die Ansicht des Münchener Cecidologen Roß: „Besonders bei den Cynipidengallen der Eiche zeigt der allgemeine Bau bemerkenswerte Eigentümlichkeiten, die zum Teil im Zusammenhang stehen mit den zahlreichen Einmietern und Schmarotzern . . ., welche die Galltiere bedrohen und tatsächlich oft zugrunde richten. Wenn die Galle eine genügend dicke Wand hat, kann die Legeröhre der Feinde nicht bis zur Larvenkammer vordringen; derselbe Zweck wird erreicht durch eine Schicht von harten Zellen, Schutzschicht genannt . . ."

„Derartige widerstandsfähige Zelllagen finden sich an verschiedenen Stellen; bald umschließen sie die Larvenkammer in geringer Entfernung (innere Schutzschicht), bald bilden sie die äußersten Schichten (äußere Schutzschicht); bisweilen finden sich beide in derselben Galle vor."

„In noch höherem Maße schützt eine andere Einrichtung die Galltiere. Die innere, meist dünne Schicht löst sich von der äußeren Wand, welche weiter wächst, los, und so entsteht eine Innengalle in einem mehr oder minder großen Hohlraum . . . In manchen Fällen liegt dieselbe zuletzt ganz frei in dieser Höhlung. Die Wand der Innengalle pflegt ganz besonders fest und hart zu sein, und die schwammige oder holzige Beschaffenheit der Außenwand oder die zwischen der Innengalle und der Außenwand befindlichen Lufträume erschweren sehr die Eiablage der Feinde [74])." De Vries spricht von dem „prachtvolle(n), so äußerst zusammengesetzte(n) und zweckmäßige(n) Bau der Cynipiden-Gallen, mit ihrem Nährgewebe, ihrer Steinzellenschicht und ihrem schwammigen, gerbstoffhaltigen und, in bezug auf Dicke, der Länge der Legeröhren von Parasiten und Inquilinen angepaßten äußeren Parenchym . . ." [75]) Wie die Hartschicht, die dicke Parenchymschicht, die Lufthöhle (oder auch Lufthöhlen) um die Innengalle, so soll auch die exzentrische Lage der Larvenkammer den „rechtmäßigen" Gallengast vor anderen Parasiten schützen, auch wenn sie mit einer Legeröhre in die Larvenkammer einzudringen versuchen sollten.

Es ist hier belanglos, ob die eine oder andere dieser teleologischen Ausdeutungen angreifbar erscheint [76]). Es kann auch unerörtert bleiben, inwieweit die mehr oder minder mächtigen dickwandigen Zellenlagen als mechanische Gewebe wichtig sind, die die Form der vom Gallentier bewohnten Höhlung sichern [77]). Auch auf die hier und da vermutete Schutzfärbung, die Mimikry der Gallen, brauchen wir nicht einzugehen [78]).

Doch darf die äußere Bewehrung der Gallen durch Dornen, Stacheln und dergl., die ohne Frage für den Schutz der

[74]) Roß, a. a. O. S. 65, 66.

[75]) de Vries, a. a. O. S. 290.

[76]) Vgl. Küster, a. a. O. S. 399.

[77]) Ebendort S. 397.

[78]) Ebendort S. 400.

Gallengäste zweckdienlich ist, hier nicht übergangen werden. Während die inneren Nährhaare weich und stumpf zu sein pflegen, finden wir auf der Außenseite feste, dickwandige, manchmal recht spitze Schutzhaare [79]). Imponierender erscheinen spitze Stacheln, wie sie in wirtelförmiger Anordnung die meisten Rosengallen von Rhodites rosarum bewaffnen [80]), oder gar die zahlreichen verzweigten Dornen, welche die Medusenkopfgalle (Cynips caput medusae auf Quercus sessiliflora und pubescens) in wirrer Verflechtung umstarren [81]). Auf den so zahlreiche und mannigfache Gallen tragenden Eichen finden wir noch andere spitzen- und eckentragende Formen [82]).

„Noch seltsamer ist die aus den Knospen verschiedener Eichen (Quercus pendulina, sessiliflora, pubescens) hervorgehende und durch die Gallwespe Cynips lucida veranlaßte Galle . . . Dieselbe enthält mehrere Larvenkammern und ein reichliches Markgewebe, und von ihrem Umfange erheben sich unzählige dünne Fortsätze, welche an Leimspindeln erinnern, insofern nämlich als sie an dem köpfchenförmig verdickten Ende sehr klebrig sind. Die dem Gallenerzeuger feindlich gesinnten Schlupfwespen und andere Tiere nehmen sich wohl in acht, mit diesen Leimspindeln in Berührung zu kommen [83]).“ Der altbekannten Rosengalle von Rhodites rosae, „dem Rosenbedeguar, dienen die langen, fadenförmigen

[79]) Vgl. Küster, a. a. O. S. 220, 221.

[80]) Ebendort S. 162, 163.

[81]) Ebendort S. 163, 165; Kerner, a. a. O. S. 533.

[82]) Kerner, a. a. O. S. 533—535.

[83]) Ebendort S. 535.

Auswüchse . . . zum Schutze gegen die Feinde" [84]), Auswüchse, die, fiederartig verzweigt und vielfach in Drüsenköpfchen auslaufend, die Galle dicht umhüllen [85]).

Die struppige Umhüllung dieser Rosengalle leitet zu den wolligen, pelzigen und samtigen Gallenüberzügen hin, denen vielfach Schutzfunktionen zugeschrieben werden [86]), wie es ja auch bei den Haarüberzügen normaler Pflanzenteile zu geschehen pflegt. Von den spitzigen Haaren, die sich auf der Oberfläche mancher Gallen finden, war oben schon die Rede. Beachtenswert ist noch die Orientierung der ebenfalls bereits erwähnten, zuweilen recht spitzen Haare an der Oeffnung von Beutel- und Umwallungsgallen: sie sind auswärts gerichtet und dürften so fremden Insekten den Zutritt in den Gallenhohlraum verwehren, ohne den rechtmäßigen Gallengästen den Ausgang zu versperren [87]).

Wir können nunmehr die Schutz- und Wehreinrichtungen verlassen und uns anderen Zweckmäßigkeitserscheinungen zuwenden. Soeben wurden wir auf einen Umstand aufmerksam, der dem Gallenbewohner das Verlassen seiner Behausung ermöglicht oder erleichtert. Damit gelangen wir zu der Frage, wie die Gallentiere aus ihrer Wohnung, die vielfach eine allseitig fest verschlossene Trutzburg darstellt, herausgelangen können, wenn der Lauf ihres Lebens dies erfordert.

---

[84]) Roß, a. a. O. S. 66.

[85]) Küster, a. a. O. S. 165.

[86]) Kerner, a. a. O. S. 529.

[87]) Küster, a. a. O. S. 398, vgl. S. 221, 222.

In manchen Fällen müssen sich die Tiere durch die Wand ihres Hauses hindurchbeißen, um die Freiheit zu gewinnen. Diese Fälle haben für uns hier keine besondere Bedeutung, obwohl dabei zuweilen bemerkenswerte Instinkte ins Spiel kommen. Um so wichtiger sind für uns jene Gallen, die durch spontane Oeffnung zur rechten Zeit fürsorglich ihren Gästen einen Ausweg schaffen. „Wir staunen", mit Küster, „vor dem „zweckmäßigen" Funktionieren der verschiedenartigen Einrichtungen, welche zur Zeit der Reife die Gallen öffnen . . . und für die Cecidozoen den Weg ins Freie gangbar machen [88])."

Die spontane Oeffnung kommt vielfach ohne Gewebszerreißung zustande, indem durch Welken, durch Wasserverlust, eine ungleiche Verkürzung verschiedener Gewebeschichten sich ergibt und dadurch Bewegungen bewirkt werden, die vorhandene Spalten und enge Oeffnungen erweitern. In solcher Weise werden die Galltiere aus gewissen Blattroll-, Beutel- und Umwallungsgallen in Freiheit gesetzt [89]). So lockern sich im Herbst die sonst dicht aneinander liegenden wulstigen Ränder des Pappelblattstieles bei der oben erwähnten spirallockigen Galle von Pemphigus spirotheca, und es bilden sich schraubenförmige Spalte, durch welche die Blattläuse ihr Asyl verlassen [90]). Auch bei den oben betrachteten Fichten-

[88]) Küster, a. a. O. S. 397.
[89]) Kerner, a. a. O. S. 527, Küster, a. a. O. S. 356.
[90]) Kerner, a. a. O. S. 528, Küster, a. a. O. S. 356.

gallen (Kuckucks-, Ananasgallen) öffnen sich im August durch Austrocknung und Schrumpfung der Umwallungswülste zahlreiche Spalten, aus denen dann die Blattläuse hervorkommen [91]).

Durch Gewebszerreißungen verschiedener Art öffnen sich Beutelgallen und Cecidien, welche ihre Gäste allseits einschließen. Dabei entsteht entweder einfach durch die Zerreißung der Gallenwand irgendwo ein Ausgang, oder ein Teil der Galle wird ganz abgetrennt und gibt so einer Oeffnung Raum.

Wir wollen zunächst mit Küster einige Beispiele für den ersten Fall ins Auge fassen: „Die Gallen von Tetraneura ulmi öffnen sich im Sommer wie mit einem seitlichen Ventil ... An irgendeiner Stelle, ungefähr in der Mitte zwischen Haftteil und Gipfel der Galle, springt ihre Wand auf, der Saum der Oeffnung schlägt sich nach außen um, und die Gallentiere haben freien Weg in die Außenwelt. Die Gallen des Pemphigus vesicarius (auf Populus) öffnen sich mit zahlreichen ähnlichen Mündungen."

„Unregelmäßig reißen die Ulmengallen der Schizoneura lanuginosa an den Scheiteln auf; die Gallen des Pemphigus cornicularius (auf Pistacia) [92]) bekommen an der Spitze Längsrisse. Die Gallen der Rhopalomyia millefolii öffnen sich oben blumenartig [93])."

---

[91]) Kerner, a. a. O. S. 537, Küster, a. a. O. S. 356.

[92]) Die „Terpentingalläpfel" (Carobe di Guide), vgl. Kerner, a. a. O. S. 526, 527.

[93]) Küster, a. a. O. S. 356, 357; vgl. Kerner, a. a. O. S. 525—528, 531.

Bei manchen von Fliegen veranlaßten Markgallen, z. B. bei den an den Blattflächen und Blattstielen der Espe (Populus tremula) durch Diplosis tremulae und den auf den Blättern der Salweiden (Salix Caprea, cinerea, grandifolia) durch Hormomyia Capreae verursachten Gallbildungen wird „schon bei der Ausbildung des Markes ein Ausführungsgang vorbereitet. Die Wand der Galle besteht zwar gerade so wie bei den meisten anderen Markgallen aus einem Gallenmarke, einer Hartschicht und einer Oberhaut, aber das mächtig entwickelte Mark und auch die Hartschicht schließen die kleine Larvenkammer nicht ringsum ein, sondern lassen an dem am stärksten vorgewölbten Teile der Galle einen Ausführungsgang offen. Solange die Oberhaut über diese Stelle gespannt ist, wird die Mündung dieses Ausführungsganges allerdings nicht bemerkt, aber wenn für das Insekt die Zeit zum Verlassen der bisher bewohnten Kammer gekommen ist, bildet sich in der gespannten Oberhaut von selbst ein klaffender Spalt. In manchen Fällen mögen wohl auch die Insekten, beziehentlich die sich verschiebenden Puppen die dünne Haut durchbrechen. Bei der durch Hormomyia fagi auf den Buchenblättern veranlaßten . . . Markgalle . . . kommt ein eigentümlicher Verschluß zur Ausbildung, welcher mit einer Klappe verglichen werden kann [94])."

Wenden wir uns nun den Gallen zu, von denen zur gegebenen Zeit ein Teil sich ablöst, um den Parasiten einen Weg ins Freie zu bieten. Das sich ablösende Stück kann

[94]) Kerner, a. a. O. S. 531.

den größten Teil der Galle ausmachen und den Parasiten in sich bergen. Zeigen wir dies an dem Beispiel einer Pilzgalle, um darzutun, daß die Fürsorge gallentragender Pflanzen auch gallenhervorrufenden Parasiten aus dem Pflanzenreiche zuteil werden kann! Synchytrium papillatum bildet auf Erodium cicutarium eine einzellige Galle, deren keulenförmiger, den Pilz in sich tragender Hauptteil sich loslöst, weil am Fuß der Galle die Wandung eine ringförmige Verdünnung, eine präformierte Abbruchsstelle, aufweist. So gelangt der Parasit mit dem abgefallenen Gallenteil auf den Erdboden, der durch seine Feuchtigkeit dem Pilze günstige Entwicklungsbedingungen bieten mag [95].

Vielfach bildet der sich loslösende und so die Oeffnung bereitende Gallenteil nur ein kleineres Stück des Ganzen. „Ueberaus merkwürdig und darum einer eingehenderen Schilderung wert ist die Art und Weise, wie sich jene Markgallen öffnen, welche einer mit Deckel aufspringenden Kapsel ähnlich sehen und dementsprechend als Kapselgallen [96]) angesprochen wurden. Solange die Larve oder Raupe in der Gallenkammer Unterstand hat und sich dort ernährt, erscheint die Galle ringsum abgeschlossen; wenn aber die Zeit herannaht, in welcher die Larve die Kammer verlassen soll, um sich in der Erde zu verpuppen, findet entlang einer kreisförmigen Linie eine Trennung in dem Gewebe statt, und der von dem Kreise

[95]) P. Magnus, Ueber Synchytrium papillatum Farl. Berichte d. Deutschen Bot. Ges. 11. 1893. S. 538, 539; vgl. Küster, a. a. O. S. 358.

[96]) oder Deckelgallen.

umschriebene Teil der Gallenwand wird als Deckel abgestoßen. Sehr hübsch ist dieser Vorgang an der durch die Gallmücke Cecidomyia cerris . . . an den Blättern der österreichischen Eiche (Quercus Austriaca) veranlaßten Galle zu verfolgen. Die Galle stellt in geschlossenem Zustande ein festes rundliches Gehäuse dar, welches in das Blatt so eingeschaltet ist, daß es sich über die obere Blattseite als kleiner bespitzter Kegel, über die untere Blattseite als eine Scheibe, welche mit einem Näschen aus dicht zusammengedrängten Haaren besetzt ist, erhebt. Im Herbste trennt sich von der unteren Seite dieses Gehäuses ein kreisrundes, deckelartiges Stück los. Dasselbe entspricht genau dem Umfange der erwähnten mit Haaren besetzten Scheibe und ist so scharf umgrenzt, daß es den Eindruck macht, es sei mit einem Messer herausgeschnitten worden . . . Der Deckel fällt nun ab, und auch die Larve . . . fällt zu Boden, dringt in die Erde, spinnt sich dort ein . . .[97])."

„Noch seltsamer ist die durch einen Schmetterling (Cecidoses Eremita) an dem grünen Rindengewebe der jungen Zweige von Duvalia longifolia, einer südamerikanischen Anakardiacee, hervorgebrachte . . . Galle. Dieselbe ist kugelrund, sehr hart und beherbergt in ihrer großen Kammer die aus dem Ei hervorgegangene Raupe. Wenn die Zeit zum Verpuppen herangerückt ist, bildet sich gegenüber von

[97]) Kerner, a. a. O. S. 531, Abbildung S. 526, Fig. 8 u. 9; vgl. ferner die Abbildungen von Deckelgallen bei Roß, a. a. O. Tafel V, Fig. 110—115. Die Zeichnungen sind z. T. eindrucksvoller als die besten Beschreibungen.

dem Ansatzpunkte der Galle ein Pfropfen aus, der mit einem vorspringenden Rande versehen ist. Nach Entfernung desselben bemerkt man ein kreisrundes Loch, welches in die Gallenkammer führt und durch welches die Raupe ihren bisherigen Wohnort verläßt. Wer diese Galle nicht mit eigenen Augen gesehen hat, könnte versucht sein, die Schilderung derselben für eine Fabel zu halten [98])."

Küster bildet zwei ausländische Deckelgallen ab, bei denen der mit einem Rande versehene Deckel wie bei einer Dose über den anderen festen Teil der Galle greift [99]). Beim „Reifen" der Galle wird die Ablösung des Deckels durch Schrumpfen und Zerreißen saftreicher, dünnwandiger, „Deckel" und „Dose" verbindender Gewebe erfolgen.

Bei den Gallen, bei welchen ein größerer Teil des Ganzen mit dem Parasiten sich abtrennt und zu Boden fällt (wir erwähnen noch Mikiola fagi unter Hinweis auf die präformierte Trennungsschicht, an der sich der beutelförmige Teil der reifenden Galle ablöst, und Oligotrophus annulipes, zwei Buchengallen, die nach dem Abfall unter dem Schutze des erst später fallenden Laubes überwintern) [100]), bringt die Ablösung nicht immer auch die Oeffnung der Parasiten-

---

[98]) Kerner, a. a. O. S. 531, Abbildung S. 526, Fig. 5 u. 6, oder Küster, a. a. O. S. 359.

[99]) Küster, a. a. O. S. 360, 361; vgl. übrigens die bei Roß, a. a. O. Tafel V, Fig. 115 abgebildete Galle, bei der der D e ck e l umgriffen wird.

[100]) Vgl. Roß, a. a. O. S. 66 u. Tafel III, Fig. 49 u. 51 und bezüglich Mikiola Fagi auf Fagus besonders Küster, a. a. O. S. 153, Fig. 70.

kammer mit sich. Dies zeigt die überaus merkwürdige Galle, welche an den Blättern der großblättrigen Linde (Tilia grandifolia) Ei und Made der Gallmücke Hormomyia Réaumuriana einhüllt und an der oberen Blattseite als ein stumpfer Kegel, an der unteren als halbkugelige Warze vorragt. „Im Juli verfärbt sich die Spitze des kegelförmigen Teiles, wird gelb und braun, und nun bemerkt man auch eine Furche, welche den Kegel umsäumt. Wird die Galle zu dieser Zeit der Länge nach durchschnitten, so erkennt man, daß sich in dem die Kammer umgebenden Gewebe eine Scheidung in zwei Schichten derart vollzogen hat, daß die äußere Schicht, welche in das grüne, unveränderte Blattgewebe allmählich übergeht, zu einem Walle geworden ist, welcher die innere, die Made unmittelbar umhüllende Schicht bis zur Höhe der obenerwähnten Kreislinie umgibt. Das ganze Gewebe hat sich in eine „Außengalle" und eine „Innengalle" gesondert, und die Innengalle erscheint wie ein Ei im Eibecher eingesenkt . . . Im Hochsommer trennt sich die Innengalle vollständig von der Außengalle und wird von der letzteren förmlich ausgestoßen. Das geschieht dadurch, daß das Gewebe der Außengalle stark aufquillt, so daß ein Druck auf die einem Pfropfen nicht unähnliche und unterwärts etwas verschmälerte Innengalle ausgeübt wird . . . Die Kammer dieser Innengalle birgt die Gallmückenlarve, welche sich noch eine Zeitlang von dem saftigen, die Innenwand der Kammer bekleidenden Zellgewebe ernährt, sich in der Kammer auch während des Winters ruhend verhält und im darauffolgenden Frühlinge verpuppt. Vor der Verpuppung wird von ihr eine ringförmige Furche unter der kegelförmigen Gallenspitze ausgefressen, und wenn dann die Puppe ausschlüpfen will, braucht sie nur an die Gallenspitze zu drücken, worauf sofort im Umkreise der Furche eine Trennung des Zusammenhanges erfolgt, die kegelförmige Gallenspitze abgeworfen und eine weite Ausgangspforte gebildet wird [101])." Auf den Blättern einer in Brasilien sich findenden Celastrus-Art kommt ein ähnliches Gallengebilde vor, dessen Innengalle jedoch mehrere Kammern aufweist und dessen Außengalle als ein dem Blatt aufsitzender Becher erscheint [102]).

Während in den soeben betrachteten Fällen nur ein Teil der Galle, im besonderen die Innengalle, mit dem Parasiten sich abtrennt, lösen sich zahlreiche Cynipidengallen von der Pflanze ganz los, um zwischen Blättern usw. am Boden liegen zu bleiben, bis das fertige Insekt ausschlüpft [103]); Beispiele bieten die Gallen des Neuroterus lenticularis, N. numismalis, N. laeviusculus, Trigonaspis renum usw., die ihr Mutterorgan (Eichenblatt) „um mehrere Monate überleben und erst im Frühjahr sterben, wenn die Wespen ausgeschlüpft sind" [104]). Bei der Eichengalle des Neuroterus saltans kommt zur Zeit der Reife, im Oktober, die Ablösung durch plötzliche, er-

---

[101]) Kerner, a. a. O. S. 532, 533; vgl. Küster, a. a. O. S. 360, 361; Roß, a. a. O. S. 66, 67, Tafel X, Fig. 213—215.

[102]) Kerner, a. a. O. S. 533.

[103]) Roß, a. a. O. S. 66.

[104]) Küster, a. a. O. S. 353.

schütternde Bewegungen der eingeschlossenen Larve zustande [105]).

Daß manche Gallen ihr Mutterorgan um mehrere Monate überleben, um so ihren Gast bis zur fertigen Ausbildung beherbergen zu können, erscheint gewiß als recht zweckmäßig. In anderen Fällen stirbt die Galle lange vor dem Mutterorgan ab. „Vergleicht man die Lebensdauer der Gallen mit der Dauer der Inanspruchnahme durch die Cecidozoen, so liegt die Schlußfolgerung nahe: die Gallen gehen erst zugrunde, wenn sie von den Gallenerzeugern nicht mehr gebraucht werden [106].“ Doch darf man die Bedeutung dieser Regel nicht überschätzen; manche Gallen beherbergen noch im abgestorbenen Zustande lange ihre Gäste, andere leben nach dem Ausschlüpfen der Parasiten fort [107]). —

Porsch zählt „als für den Schmarotzer unbedingt vorteilhaft“ folgende Einrichtungen an Pflanzengallen auf:

„1. Abschluß des Schmarotzers von der Außenwelt.“

„2. Verschluß des Eingangs in die Gallenhöhlung durch Verzahnung der Oberhautzellen.“

„3. Schutz der Galle durch reiche Entwicklung mechanischen Gewebes.“

[105]) Küster, a. a. O. S. 361, 362. Die losgelösten Gallen können auf dem Boden infolge von jähen Larvenbewegungen kleine Sprünge ausführen. Nach Küster ist es nicht unwahrscheinlich, daß solchen „springenden Gallen“ aus ihrer Fähigkeit ein Vorteil bei der Verfolgung durch gallenfressende Tiere erwächst, die sich vielleicht durch die Bewegung abschrecken lassen. Vgl. S. 362.

[106]) Küster, a. a. O. S. 353.

[107]) Ebendort.

„4. Schaffung innerer Lufträume durch Entwicklung einer bestimmten Gewebeart („Sternparenchym")."

„5. Häufige Ausbildung eines eigenen Assimilationsgewebes."

„6. Entwicklung eines sich stetig ergänzenden Nährgewebes."

„7. Lage des Nährgewebes."

„8. Förderung der vorhandenen Stoffleitungsbahnen in der Richtung der Stoffleitung zur Galle."

„9. Nachträgliche Bildung neuer Stoffleitungsbahnen zur Galle."

„10. Gerbstoffreichtum des Gallengewebes."

„11. Schaffung anatomisch vorgebildeter Ausgangspforten mit Oeffnungsmechanismus für den Austritt des entwickelten Tieres [108])."

Aus unseren Betrachtungen ergibt sich, daß diese Zusammenfassung noch erweitert werden könnte; es sei nur etwa an die Dornen und Stacheln mancher Gallen erinnert. —

Das Dargelegte mag genügen, um die Zweckmäßigkeit der Pflanzengallen zu zeigen. Wir haben uns bei unserer Darstellung auf die Werke hervorragender Gallenkenner gestützt, haben diese selbst sehr häufig zu Wort kommen lassen, um die Objektivität unserer Tatsachenberichte sicherzustellen. Was die teleologische Ausdeutung der Tatsachen angeht, so kommt es hier nicht darauf an, ob sie in allen angeführten

[108]) Porsch, a. a. O. S. 553.

Fällen einwandfrei ist. Man mag in einzelnen Fällen die beigebrachten Zweckmäßigkeitsdeutungen für unsicher, ja für verfehlt halten; angesichts des ganzen Materials wird man eine oftmals weitgehende Zweckmäßigkeit der Pflanzengallen nicht bestreiten können. Wir dürfen also den Skeptikern ruhig zugeben, daß man manchmal in der teleologischen Ausdeutung der Galleneigenschaften zu weit gegangen ist[109], daß es verkehrt ist, alles teleologisch erklären zu wollen, daß sich auch Nutzloses und Gleichgültiges, ja Unzweckmäßiges an den Gallen verwirklicht findet[110]. Trotzdem werden wir mit dem in teleologischen Betrachtungen äußerst zurückhaltenden Küster nunmehr sagen dürfen: „Daß die Gallen zweckmäßig für den Gallenerzeuger und Gallenbewohner sind, unterliegt keinem Zweifel[111], und wir werden mit ihm diese Zweckmäßigkeit in manchen Fällen staunenswert finden[112]."

Ehe wir die Gallenbildung im strengen Sinne der eingangs gegebenen Begriffsbestimmung als fremddienlich zweckmäßig bezeichnen dürfen, müssen wir noch den Nachweis führen, daß die Cecidien nur für ihre Parasiten, nicht aber unmittelbar oder mittelbar auch für die gallentragenden Pflanzen selbst zweckmäßig eingerichtet und förderlich sind[113]. Mit anderen Worten, wir müssen zeigen, daß der

---

[109]) Porsch, a. a. O. S. 553.

[110]) Küster, a. a. O. S. 396; vgl. den ganzen Abschnitt S. 395—401.

[111]) Küster, a. a. O. S. 395; vgl. Porsch, a. a. O. S. 553.

[112]) Küster, a. a. O. S. 397; vgl. de Vries, a. a. O. S. 290.

[113]) Vgl. dazu auch S. 93 f. dieser Abhandlung.

„merkwürdige Altruismus“ [114]), den die Wirtspflanzen gegenüber ihren Gästen durch die Bildung von Gallen bekunden, echt ist und nicht auf verborgenen Eigennutz hinausläuft, wie so mancherlei altruistisch erscheinendes Tun in der menschlichen und untermenschlichen Welt. Wenn Blüten Insekten ihren Honig darbieten, so ist dies nur scheinbar „altruistisch“, nicht im strengen Sinne fremddienlich, da die beschenkten Insekten einen wertvollen Gegendienst leisten sollen: sie sollen die Bestäubung, die Uebertragung des Pollens auf die Narbe in rechter Weise vermitteln. Darum ist die scheinbar fremddienliche Honigdarbietung in hohem Maße selbst- oder doch artdienlich, da sie im Dienst der Nachkommenproduktion steht.

Demgegenüber müssen wir die Cecidienbildung im allgemeinen wohl als im strengen Sinne fremddienlich anerkennen, da „die Gallen im allgemeinen der Wirtspflanze nur Schaden bringen . . . Schon deswegen . ., weil die Gallen die Entwicklung von Parasiten, welche dem Wirte einen Teil seiner Stoffe entziehen, fördern oder gar erst ermöglichen, müssen jene im allgemeinen als schädlich für den gallentragenden Wirtsorganismus bezeichnet werden; denn irgendwelche Gegenleistungen seitens des Gallenerzeugers, die den Gallenwirt für den Substanzverlust entschädigten, sind nur in ganz wenigen Fällen zu erkennen [115]).“ „Das Wunderbare und vielfach vollkommen Rätselhafte an dieser merkwürdigen

[114]) Küster, a. a. O. S. 368.
[115]) Küster, a. a. O. S. 365.

Lebensgemeinschaft besteht darin, daß die unter dem Banne des Tieres stehende Pflanze einem echten Schmarotzer auf Kosten ihrer Gesundheit Unterkunft und Körpersubstanz als Nahrung bietet [116])." „Von einer Gegenleistung des Tieres an die Pflanze ist keine Rede, wohl aber eine offenkundige Schädigung dieser vielfach sicher erwiesen [117])." Die zweckmäßigen „Bildungen kommen bloß dem Schmarotzer zugute und bedeuten für die Pflanze einen großen Aufwand an Zellmaterial und plastischen Baustoffen, die ihren gesunden lebenswichtigen Organen entzogen werden. So wird die Pflanze erwiesenermaßen oft schwer geschädigt. Nur die wenigen der Bestäubung und damit der Arterhaltung dienenden Gallenbildungen, wie z. B. die bei der Feige auftretenden, gereichen ihr zum Vorteil" [118]). Da beladen sich die ausschlüpfenden Insekten nämlich mit Pollen, den sie beim Besuch anderer Blütenstände auf den Narben der „Samenblüten" abstreifen [119]). Bei anderen „Eucecidien", d. h. für

[116]) Porsch, a. a. O. S. 552, 553.

[117]) Ebendort S. 553.

[118]) Ebendort S. 555.

[119]) Küster, a. a. O. S. 366. Wir könnten an dieser Stelle die sogenannten Ambrosiagallen (Neger) erwähnen, weil bei ihnen das Gallentier und ein Pilz sich wohl gegenseitig Dienste erweisen. Jenes veranlaßt die Wirtspflanze zur Bildung einer Galle, die nicht nur seiner Larve als Wohnung dient, sondern auch den Nährboden für einen Pilz abgibt, mit dem das Tier die Galle infiziert. Der Pilz dankt dem Tier (der Gallmücke) für die Uebertragung auf den geeigneten Nährboden in der Galle, indem er nährstoffreiche Futterzellen entwickelt, die der Larve als Nahrung dienen und neugebildet werden, wenn sie abgeweidet sind. Vgl. Küster, a. a. O. S. 392 f., Roß, a. a. O. S. 67 f., Porsch, a. a. O. S. 556 f.

die Wirtspflanze nützlichen Gallbildungen, dienen die Gallenerreger der Ernährung der Gallenträger; als Beispiele wären vor allem die von Rhizobium radicicola und Rh. Beyerinckii an Leguminosen erzeugten Wurzelknöllchen zu erwähnen, bei denen die Erreger als Stickstoffmehrer dienen [120]).

Wenn wir aber von solchen vereinzelten Ausnahmen absehen, so ergibt sich, daß die überwiegende Mehrzahl der Gallen für die Wirtspflanzen nicht förderlich, sondern schädlich ist. Treten die Cecidien nur vereinzelt auf, so kann der Schaden wohl verschwindend sein; je größer und zahlreicher die Gallen sind, um so schwerer pflegt die Schädigung zu sein. „Schwere Gallen, wie die Wirrzöpfe der Weiden, können kräftige Zweige herabbrechen, die Hexenbesen entziehen ansehnliche Teile des befallenen Baumes dem Fortpflanzungsgeschäft. Plasmodiophora brassicae vermag Kohlpflanzungen völlig zu ruinieren. Der Schaden, den die Reblaus durch Vernichtung ihres Wirtes und die Blutlaus am Apfelbaum anrichten, ist bekannt. Von den Schädigungen der verschiedensten Freiland- und Topfpflanzen durch Aelchengallen weiß jeder Gärtner zu berichten."

„In anderen Fällen werden nur einzelne Blätter . . . zum Assimilationsdienst untauglich gemacht [121])." Aber auch dabei kann der Schaden groß werden.

„Während Ernährungsstörungen, wie sie z. B. der „Wurzelschnitt" mit sich bringt, zu ergiebiger Förderung der

[120]) Küster, a. a. O. S. 366.
[121]) Ebendort S. 367.

Reproduktionsfähigkeit führen können, ist vom Gallenreiz nur das Gegenteil bekannt, indem er die Reproduktionsfähigkeit ausschaltet oder doch hemmt [122])."

Die Gallenpflanzen vergelten also Böses mit Gutem; sie zeigen nicht nur „Altruismus", sondern befolgen sogar das Gebot der Feindesliebe. In einigen Fällen freilich setzt sich der Gallenwirt gegen die Eindringlinge (Bakterien, Pilze, Algen) zur Wehr; er macht sich ihre Substanz durch Verdauung zunutze [123]). Es handelt sich dann um Eucecidien, um für den Gallenwirt Nutzen bringende Gallen [124]). Ueber die Abwehr gegen schädigende Gallenerreger ist nur wenig bekannt; man weiß z. B., daß unter den vielen Apfelsorten einige wenige der Blutlaus, daß amerikanische Rebensorten der Reblaus widerstehen [125]).

Nach alledem müssen wir das Vorkommen einer staunenswerten fremddienlichen Zweckmäßigkeit bei Pflanzengallen anerkennen.

Damit ist aber der allgemeinen Naturteleologie ein Problem von großer Tragweite gestellt, das nicht übergangen werden darf; es gilt, das Zustandekommen nicht nur der selbst- und artdienlichen, sondern auch der fremddienlichen Zweckmäßigkeit zu erklären. Ehe wir jedoch fragen, wie die

---

122) Küster, a. a. O. S. 380.

123) Ebendort S. 368.

124) Ebendort S. 369.

125) Porsch, a. a. O. S. 555, 556; Küster, a. a. O. S. 369—371.

fremddienliche Zweckmäßigkeit der Pflanzengallen zustandegekommen ist, wird es angebracht sein, zunächst die Ursachen der Gallenbildung allgemein, noch ohne durchgehende spezielle Berücksichtigung des Teleologieproblems, in's Auge zu fassen. Die Lehre von den Ursachen der Gallbildung, die Aetiologie oder — wie wir mit dem verbreiteten, leider ein Vorurteil gegen allen Vitalismus nahelegenden Ausdruck Roux' auch sagen können — Entwicklungsmechanik der Gallen mag uns ein festeres Fundament für teleologische Erklärungshypothesen darbieten.

Zur Aetiologie der Pflanzengallen.[126]

Leider muß vorausgeschickt werden, daß die Einsicht in die Ursachen der Gallenbildung noch gar sehr zu wünschen übrig läßt[127]). Immerhin sind wichtige einschlägige Erkenntnisse gewonnen.

Voraussetzung der Gallbildung ist zunächst, daß ein Parasit, der „cecidogene" Reize ausüben kann, auf eine geeignete, auf jene Reize entsprechend reagierende Pflanze gelangt. In manchen Fällen setzt das Ei des Gallentieres oder eine vom eiablegenden Muttertier erzeugte Flüssigkeit bereits die Gallbildung in Gang, während in anderen erst die aus dem Ei ausschlüpfende Larve den gallbildenden Reiz abgibt (Ei- und Larvengallen). Die Gallbildung ist — abgesehen von einigen Ausnahmen — nur möglich, solange der infizierte Pflanzenteil noch in Entwicklung begriffen ist. Aber auch wenn Ei oder Larve zur rechten Zeit an die richtige Pflanze

---

126) Vgl. zu diesem Abschnitt Kerner, a. a. O. S. 542 f., Roß, a. a. O. S. 56 f. und vor allem das ausführliche und eindringende Kapitel über die Aetiologie bei Küster, a. a. O. S. 249—327, auf das ich mich im folgenden in erster Linie stützen werde.

127) Küster, a. a. O. S. 249, Porsch, a. a. O. S. 556.

und an oder in den richtigen Pflanzenteil gelangt sind, können noch manche, bisher nicht durchweg festgestellte Umstände die Gallbildung verhindern. Der Ernährungs- und Kräftezustand der Wirtspflanze dürfte für den Erfolg der Infektion von Bedeutung sein. Auch äußere, z. B. Beleuchtungsverhältnisse, können einen Einfluß haben. Jedenfalls aber ist dauernde Gegenwart des lebenden Parasiten für die normale Entwicklung und Vollendung der Galle notwendig, so daß kein Zweifel darüber bestehen kann, daß jener dauernd gallbildende Reize ausübt.

Bereits Malpighi hat mit Recht von den Parasiten gelieferte Gifte als Gallreize betrachtet; die chemischen Reizstoffe stammen teils vom eiablegenden Muttertier, teils von dem jungen Gallengaste selbst. Doch kommen außer den chemischen Reizen andere in Frage, vor allem Verwundungsreize infolge der Verletzung pflanzlicher Zellen und Gewebe durch Stachel, Legeröhren und Freßwerkzeuge. Das Saugen und Anzapfen der Pflanze durch die Parasiten beeinflußt den Substanz-, insbesondere den Flüssigkeitsgehalt der Zellen und Gewebe und bewirkt dadurch Aenderungen im Saftdruck und in den Diffusionsvorgängen. Kurz, es mag bei der Gallenbildung eine ganze Reihe von Reizen und Faktoren in Betracht kommen; einmal mag dieser, ein andermal jener Reiz von größerer oder auch entscheidender Bedeutung sein.

Küster [128]) bedient sich mit Erfolg der vergleichend patho-

[128]) Küster, a. a. O. S. 260 f.

logischen Methode, um einen tieferen Einblick in die Bedeutung der verschiedenen Reize für die Gallbildung zu gewinnen, d. h. er vergleicht Gallen und Gallgewebe mit anderen abnormen pflanzlichen Gebilden und Geweben, die durch bekannte, eventuell experimentell beherrschbare Einflüsse und Eingriffe hervorgerufen werden.

Da kämen etwa zunächst die „Osmomorphosen" [129]) in Betracht, Gestaltungen, die infolge von osmotischen Störungen zustandekommen. Wenn die Zellen mancher Gewebe etwa durch hohe Luftfeuchtigkeit oder durch Berührung mit Wasser eine besondere Wasserfülle erlangen, so führt dies zu charakteristischen abnormen Gewebebildungen, die als „hyperhydrische" bezeichnet werden können. Obwohl nun zwischen hyperhydrischen Gebilden und Gallen wichtige Unterschiede bestehen — Plasmaarmut und Hinfälligkeit bei jenen, Substanzreichtum und Dauerhaftigkeit bei diesen —, dürften doch Gestaltungsprozesse, welche die Zellformen hyperhydrischer Gewebe bestimmen, auch bei der Gallbildung eine Rolle spielen. So besteht eine unverkennbare Aehnlichkeit zwischen schlauch- oder auch keulenförmigen Intumeszenzen, die infolge von Wasserüberfülle entstehen, und schlauch- und keulenförmigen Haaren von Erineum- oder Filzgallen; auch andere (die Spaltöffnungen betreffende) Analogien zwischen Gallen und hyperhydrischen Geweben deuten darauf hin, daß bei der Gallbildung Osmomorphosen eine Rolle spielen können.

[129]) Küster, a. a. O. S. 261 f.

Um die Bedeutung der Wundreize für die Gallbildung [130]) zu erkennen, betrachten wir die Aehnlichkeit der Gallen mit Wundgeweben und Wundneubildungen („Traumatomorphosen"). Da wären unter anderen die von Evetria resinella an Kiefernzweigen hervorgerufenen Gallen zu erwähnen, bei deren Entstehung es sich wohl nur um Wundreize handelt; darum werden diese wundholzartigen Bildungen von manchen nicht zu den Gallen gerechnet. Bei anderen Gallen wirken offenbar die Wundreize mit anderen Reizen zusammen. Die von Biorrhiza pallida an Eichen hervorgerufenen apfelähnlichen Gallen gleichen zwar im Habitus durchaus Callusgeschwülsten, übertreffen die nach Verwundung an Eichen entstehenden Callusbildungen aber an Größe. Manchmal ist es mehr die äußere Gestalt, in anderen Fällen sind es anatomische oder histologische Eigentümlichkeiten der Gallen, die den Vergleich mit Traumatomorphosen nahelegen. Bei anderen Gallbildungen spielen die von den Parasiten hervorgerufenen Verwundungen scheinbar gar keine Rolle.

Verwundungen des Pflanzenkörpers bewirken allerhand Ernährungsstörungen, Unter- wie Uebererernährungen. Darum stehen den „Traumatomorphosen" die „Trophomorphosen" [131]) ätiologisch recht nahe. Durch künstlich, etwa mittels Dekapitierung, hervorgerufene abnorme Stoffzuleitung kann man bei geeigneten Versuchspflanzen Knollenbildungen hervor-

[130]) Küster, a. a. O. S. 277 f.
[131]) Küster, a. a. O. S. 264 ff.

rufen, die mit manchen Gallenbildungen wohl vergleichbar sind. Vor allem aber dürften die „organoiden" Gallen [132]), die entstehen, wenn irgendwelche Organe (Blüten, Zweige usw.) durch Einwirkung von Parasiten eine abnorme eventuell verkrüppelte Form annehmen, als Trophomorphosen aufzufassen sein, oder es dürften wenigstens zahlreiche, und zwar für den Habitus entscheidende Teilprozesse ihrer Gestaltentwicklung auf Ernährungsstörungen zurückführbar sein. So lassen sich z. B. durch Parasiten erzeugte und insofern den Gallen zuzurechnende „Hexenbesen" ohne weiteres vergleichen mit hexenbesenartigen Zweigverunstaltungen, die durch Ernährungsstörungen infolge von Verwundungen (durch Verbiß u. dgl., „Kuhbüsche") nicht selten entstehen.

So beachtenswert nun die soeben betrachteten Reizarten sein mögen, die größte Bedeutung kommt doch offenbar den chemischen Reizungen zu, welche von Ausscheidungen der Gallparasiten ausgehen; manche Forscher haben sie allein für die Gallbildung verantwortlich gemacht [133]). Jedenfalls spielen chemische Reize bei der Bildung komplizierter, eine erstaunliche fremddienliche Zweckmäßigkeit aufweisender

---

[132]) Küster, a. a. O. S. 84 ff.

[133]) So ist Kerner von Marilaun der Ansicht, „daß nur die von lebenden Tieren ausgeschiedenen Stoffe Gallenbildung verursachen" (a. a. O. S. 543); dabei ist zu berücksichtigen, daß Kerner von pflanzlichen Parasiten erzeugte Mißbildungen nicht zu den Gallen rechnet. Auch Roß berücksichtigt nur den chemischen Reiz a. a. O. S. 56.

Gallen eine hervorragende Rolle, und darum haben wir hier besonderen Anlaß, diese Reizart genauer zu betrachten [134].

Die Bedeutung stofflicher, chemischer Reizung drängt sich uns unmittelbar auf, wenn wir beobachten, daß die Pontania-Muttertiere mit dem Ei eine kleine Menge Flüssigkeit in die an der Wirtspflanze erzeugte Wunde einführen, daß dann die Gallbildung alsbald beginnt, und zwar in diesem Falle auch dann, wenn das Ei frühzeitig getötet wird. In anderen Fällen führt uns direkte Beobachtung nicht so weit. Wir werden aber aus der großen Mannigfaltigkeit der Gallen, aus ihrer vielfach so bestimmten, für die Parasitenart durchaus charakteristischen Gestaltung, die auch bei der gleichen Wirtspflanze für verschiedene Parasiten eine total verschiedene sein kann, aus den oft sehr bedeutenden Unterschieden zwischen den morphologischen und anatomischen Eigenschaften der Gallen und denjenigen der Wirtspflanze, aus dem Abstand zwischen den Charakteren sehr zahlreicher Gallbildungen und den anatomischen, histologischen Eigenschaften anderer pathologischer, z. B. durch Verletzung usw. bedingter Gewebsneubildungen, aus dem Umstande, daß Entfernung oder Absterben des Parasiten die Gallbildung zum Stillstand zu bringen pflegt, folgendes entnehmen dürfen: Bei der Entwicklung sehr zahlreicher Gallen spielen spezifisch wirkende Stoffe eine bedeutsame Rolle, Stoffe, die im normalen Stoffwechsel der Wirtspflanze nicht auftreten und von

[134]) Das Folgende im Anschluß an Küster, a. a. O. S. 279 ff., unter Berücksichtigung von Kerner, a. a. O. S. 543 f. und Roß, a. a. O. S. 56 f.

ihr auch unter abnormen Bedingungen nicht produziert werden, die eben eine Spezialität der gallenerzeugenden Parasiten darzustellen scheinen. Freilich handelt es sich einstweilen um eine Hypothese. Trotz zahlreicher Bemühungen ist es noch nicht gelungen, durch experimentelle Injektion bestimmter, bekannter Stoffe gallenähnliche Neubildungen hervorzurufen, und selbst die Einführung des Giftblaseninhaltes lebender Tenthrediniden (Gallwespen, Pontania proxima) in zugehörige Wirtspflanzen (Salix) führte nicht zu künstlicher Gallbildung.

Die chemische Natur der Gallengifte ist unbekannt; man pflegt aber wohl meist anzunehmen, daß es sich um Enzyme handelt. Die wirksamen Stoffe müssen in Wasser löslich und imstande sein, die Membranen der Pflanzenzellen zu durchdringen. Noch in größerer Entfernung von der Infektionsstelle kann sich die Wirkung des Gallengiftes geltend machen. Dies braucht übrigens nicht immer und ausschließlich auf Ausbreitung des wirksamen chemischen Stoffes zu beruhen; möglicherweise kommt auch Fortleitung der durch den chemischen Reiz erzeugten Erregung (vergleichbar der Fortpflanzung der Nervenerregung) in Betracht.

Sehr merkwürdig ist es nun, daß bei zahlreichen Gallen die von der Infektionsstelle weiter entfernten Zellschichten anders, und zwar unter Umständen stärker reagieren, als die näherliegenden. Betrachten wir zunächst etwa die Ausstülpungs-, die Beutelgallen, die dadurch zustande kommen, daß in der Nähe des Parasiten, wohl infolge des von ihm ausgesonderten Giftes, die verschiedenen Schichten des infizierten Blattes zu ungleichem, jedenfalls aber verstärktem Wachstum angeregt werden. Da der Parasit immer in die Höhlung der Blattausstülpung zu liegen kommt, mag er sich auf der Ober- oder auf der Unterseite des Blattes befinden, wird die ihm unmittelbar benachbarte Blattschicht offenbar zu geringerer Wachstumssteigerung angeregt, als die abgewandte Seite des Blattes. Das ist sehr zweckmäßig, aber auch sehr merkwürdig, da man doch zunächst meinen sollte, die Wachstumssteigerung durch den Parasiten und seine reizausübenden Ausscheidungen müsse an der ihm unmittelbar anliegenden Blattseite am stärksten sein; die etwa von dem durch das Blatt diffundierenden Gift bewirkte Wachstumsförderung müsse mit fortschreitender Entfernung von dem Diffusionszentrum, also von dem Parasiten, infolge der dabei sich ergebenden Verdünnung des Giftstoffes abnehmen. Daß die dem Gallengast zugewandte Blattseite weniger schnell wächst, könnte auf der ihr Wachstum hemmenden Entnahme von Nährstoffen und Säften durch den Parasiten beruhen. Es wäre aber auch möglich, daß das gar zu konzentrierte Gift in unmittelbarster Nachbarschaft des Parasiten nicht in dem Maße wachstumsfördernd wirkt, wie das durch Diffusion verdünnte, welches die entgegengesetzte Blattseite erreicht.

„Für diesen letzten Erklärungsversuch spricht vor allem die Ontogenie der Umwallungsgallen: wenn junge Cynipidenlarven von dem wuchernden Gewebe des Gallplastems umwallt und von ihm eingeschlossen werden, so ist dieser Vorgang offenbar nur dann möglich, wenn in der unmittelbarsten Nähe des Gallenerzeugers das pflanzliche Gewebe minder lebhaft wächst als in größerem Abstande von ihm" [135]), und zwar vermutlich deshalb, weil unmittelbar bei bzw. unter dem Gallentier die Giftwirkung allzu stark ist.

Bei den nach ganz anderem Prinzip gebauten Markgallen verteilt sich auch die Wachstumsintensität zweckentsprechend anders. Bei ihnen wird entweder bereits das Ei vom Muttertier in das Innere des Pflanzengewebes eingeführt, oder die Larve bahnt sich einen Weg in dasselbe. Bei den Markgallen etwa, welche von Pontania proxima an Weiden erzeugt werden, ist das Wachstum in der Mitte am intensivsten, um nach den Rändern hin allmählich abzunehmen.

Vielfach wird die Fortleitung des Gallenreizes durch den Verlauf der Leitbündel mitbestimmt, die auf diese oder andere Weise von Einfluß auf Ausdehnung und Gestalt der Gallen werden.

Viele Gallen (namentlich Dipteren- und Hymenopterengallen) sind aus mehreren die Larvenhöhle konzentrisch umgebenden Schichten aufgebaut, die sich in ihrer Gewebsstruktur stark unterscheiden; so umhüllen etwa den Markgallenparasiten die saft- und nährstoffreiche, aus dünnwandigen Zellen gebildete Markschicht und eine äußere Haut- oder Rindenschicht; zwischen beiden ist meist noch eine aus

---

135) Küster, a. a. O. S. 289.

sehr festen Zellen bestehende Hart- oder Schutzschicht eingeschaltet[136]). Bei der Unähnlichkeit der Schichten wird man ihre Ausbildung schwerlich auf die von innen nach außen zu abnehmende Konzentration eines chemisch reizenden Stoffes zurückführen dürfen[137]). Eher ließe sich annehmen, daß der Parasit mehrere Giftstoffe ausscheidet, und daß die chemische Reizung in verschiedenem Abstande von der Larve qualitativ verschieden ausfällt, weil etwa die verschiedenen Giftstoffe verschieden leicht und verschieden weit diffundieren, so daß sie in unmittelbarer Nähe des Parasiten alle zur Wirkung gelangen, während in einiger Entfernung von ihm das eine oder andere der Gifte sich nicht mehr geltend macht. Doch dürfte ein anderer, von Küster[138]) bevorzugter Weg zur Erklärung der Schichtenbildung wohl eher der rechte sein; wir werden ihn alsbald ins Auge fassen.

Daß es nicht angeht, alle Unterschiede zwischen inneren und äußeren Gallenschichten auf unterschiedliche Giftwirkung zurückzuführen, mag vorher noch ein Hinweis auf die Bedeutung der Transpirationsverhältnisse dartun, die offenbar auf die Gestaltung der Gewebsstruktur bei Gallen wie bei anderen Pflanzenteilen einen starken Einfluß ausüben. Im Innern der vollkommen oder auch nur unvollkommen geschlossenen Gallen müssen natürlich wesentlich andere Verdunstungs- und Transpirationsverhältnisse herrschen, als an der äußeren Epidermis. Wie bedeutsam aber die Wasser-

136) Kerner, a. a. O. S. 528.
137) Vgl. auch de Vries, a. a. O. S. 290.
138) Küster, a. a. O. S. 295, 299.

verhältnisse für die Gewebsstruktur sind, haben wir bereits am Anfang unserer ätiologischen Erörterungen betont. Die Ausbildung der inneren Gewebe, die Dünnwandigkeit der inneren, dem Parasiten nächstliegenden Zellschicht, die uns bei zahlreichen Gallen so zweckmäßig für die Ernährung der Larven erscheint, darf man wohl unbedenklich mit der geringen Transpiration, der hohen Luftfeuchtigkeit an der inneren, dem Parasiten zugewandten Epidermis in ursächlichen Zusammenhang bringen. Wenn die inwendige Epidermis dünnwandige, breite, keulenförmige, die äußere dickwandige, weniger plumpe Haare trägt, so dürfen wir auch diesen uns zweckmäßig dünkenden Unterschied in entsprechender Weise kausalem Verständnis näher bringen. Ein experimentum crucis der Natur, das uns in dieser Annahme sehr bestärken kann, bieten bei Küster abgebildete Stücke von zwei Querschnitten durch Gallen des Pemphigus marsupialis auf Populus pyramidalis [139]). Das eine Stück entstammt einer normal ausgebildeten Galle; ihre Epidermis ist inwendig, auf der dem Gallentiere zugewandten Seite, dünnwandig, und sie weist dünnwandige Haare auf. Das andere Stück ist einer unvollendet gebliebenen, verlassenen Galle entnommen, bei der kein Beutel, kein abgeschlossener Hohlraum entstanden ist, sondern nur schwielenartige Verdickung der infizierten Blattteile sich ergeben hat; hier finden wir eine dickere Epidermiszellenwand und sehr dickwandige Haare. —

[139]) Küster, a. a. O. S. 301, Fig. 142.

Unsere bisherigen ätiologischen Betrachtungen, die hier und da bereits ein wenig Licht auf die teleologische Seite des Gallenproblems fallen ließen, waren durchaus einseitig. Wir haben bisher nur die gallbildenden Reize ins Auge gefaßt, nur den äußeren oder sozusagen fremden Faktoren unsere Aufmerksamkeit zugewandt, welche die Pflanze zur Entwicklung der anormalen Gebilde veranlassen. Für ein kausales Verständnis der Gallbildung ist aber nicht minder die Beachtung jener Bildungsfaktoren erforderlich, die in der gallenproduzierenden Pflanze selbst liegen; ist doch die Galle das Produkt einerseits der gallbildenden Reize, anderseits der Fähigkeiten der galltragenden Pflanze.

Die Bedeutung der Potenzen, die in der galltragenden Pflanze liegen, für die Gallbildung tritt deutlich bei solchen Gallen zutage, die mit irgendwelchen normalen Pflanzenteilen Aehnlichkeit zeigen. Da wäre zunächst auf die seit Malpighi oft beachtete Aehnlichkeit hinzuweisen, welche viele Gallen mit Früchten haben. Dabei wollen wir hier die Uebereinstimmungen zwischen Gallen und Früchten der entsprechenden Wirtspflanze ins Auge fassen; die seltsame Aehnlichkeit, welche Gallen mancher Pflanzen mit den Früchten anderer Pflanzenarten aufweisen, kommt für die folgenden Erwägungen weniger in Betracht[140]).

[140]) Immerhin ist die letztgenannte Aehnlichkeit auch für naturphilosophische Probleme so bemerkenswert, daß es sich wohl lohnt, hier folgende Ausführungen Kerners von Marilaun zu zitieren: „Wenn die Anlagen der Blätter in der Knospe eines Pistazienstrauches nicht durch

Die an den Fruchtbechern der Eiche entstehende Galle des Cynips calicis gleicht in jungen Stadien durchaus kleinen Früchten der Wirtspflanze; sie stellt eine „Adventivfrucht"

Blattläuse beeinflußt werden, so entwickeln sie sich zu glänzend grünen, gefiederten Laubblättern; wenn aber das Protaplasma in einigen Zellen dieser Blattanlagen durch die Säfte der Blattlaus Pemphigus corniculärius verändert wird, so nimmt dieselbe Anlage die Form eines Fruchtblattes an und gestaltet sich zu einem hohlen Körper, welcher einer Hülse täuschend ähnlich sieht. Durch den Umstand, daß der Pistazienstrauch nicht Hülsenfrüchte, sondern Pflaumenfrüchte entwickelt, wird die Sache nur noch merkwürdiger; denn was da durch den Einfluß der Säfte des Tieres entsteht, ist im ausgewachsenen Zustande ein Gewebekörper, welcher nicht, wie man erwarten möchte, die Frucht der Pistazie, sondern jene einer wesentlich anderen Pflanzenart, nämlich der Karobe (Ceratonia Siliqua), nachahmt. Aehnlich verhält es sich mit der Umwandlung der obersten Laubblätter des Wacholders (Juniperus communis) durch den Einfluß der Säfte einer Gallmücke (Lasioptera juniperina) in ein Gebilde, welches mit der Frucht des Lebensbaumes (Thuja) große Aehnlichkeit hat, und so ließen sich noch zahlreiche andere Fälle anführen, in welchen an bestimmten Pflanzenarten durch den Einfluß tierischer Säfte Gallen zum Vorscheine kommen, welche den Balgfrüchten, Kapseln, Nüssen, Pflaumen und Beeren anderer Pflanzenarten äußerlich sehr ähnlich sehen. Dadurch, daß sich auch noch Farbstoffe, wachsartige Ausscheidungen und haarige Ueberzüge einstellen, wird diese Aehnlichkeit mit gewissen Früchten nur um so auffallender. Nur bergen diese fruchtähnlichen Gallen in ihrem Innern keine Samen, sondern die Larven derjenigen Tiere, deren ausgeschiedene Säfte die Umwandlung der Gestalt veranlaßten. . . ." (a. a. O. S. 544).

Die Aehnlichkeit von Pflanzengallen mit Früchten anderer Pflanzenarten kann den Eindruck erwecken, daß den Gebilden der lebenden Natur ein bestimmtes Repertoire von Formen oder „Ideen" im Sinne des Platonismus zugrunde liege und gelegentlich die Fruchtform oder -idee einer Pflanzenart auch bei der Galle einer anderen Pflanzenart Verwendung finde.

dar, die allerdings in ihrer späteren Entwicklung sich weit von der normalen Fruchtform entfernt[141]). Die Eichengalle des Andricus fecundator wiederholt wiederum mit ihrem schüsselförmigen Achsenteil die Formen einer Eichen-Cupula; die Fecundator-Galle ist als eine „halbgeratene Eichenfrucht" bezeichnet worden. Die Koniferengallen der Adelges-Arten gleichen durchaus den Zapfen dieser Wirtspflanzen. Bei Toddalia aculeata auf Ceylon wurden fruchtähnliche Gallen an männlichen Blüten beobachtet.

Mit Küster werden wir sagen dürfen: „Alle diese Aehnlichkeiten als zufällige zu betrachten, geht nicht an; vielmehr handelt es sich offenbar um latente Wachstums- und Gestaltungspotenzen zur Fruchtbildung, die in vegetativen Knospen,

---

Es ist nun allerdings nicht meine Meinung, daß die besagte Aehnlichkeit schon eine tragfähige Grundlage für „idealistisch"-platonistische Anschauungen in der Biologie abgeben könne. Viele Gallen sind wie die Früchte Gebilde, die junges, schutzbedürftiges Leben in sich bergen, die, vielleicht aus teleologischen Gründen, vielfach reiche Nährstoffmengen, harte Schutzschichten und andere Abwehreinrichtungen aufweisen. Wenn man dies im Auge behält und dann die ungemein große Vielgestaltigkeit der Fruchtformen betrachtet, wird man es nicht mehr so seltsam finden, wenn einige Pflanzengallen den Früchten anderer Pflanzenarten sinnfällig ähnlich sind. Andererseits soll nicht geleugnet werden, daß die platonistische Strömung, die auch in der Naturauffassung unserer Zeit sich wieder bemerkbar macht, jene Fruchtähnlichkeit von Gallen im Sinne ihrer „Ideenlehre" deuten könnte.

Wir kommen am Schlusse dieser Abhandlung kurz auf die in Frage stehende Aehnlichkeit zurück.

[141]) Hierzu und zum folgenden siehe Küster, a. a. O. S. 321 f.

auch in männlichen Blüten schlummern und bei der Gallenbildung aktiviert werden [142])."

Nicht nur Fruchtformen, sondern auch andere Gebilde aus dem Formenschatz der normalen Wirtspflanze können durch von Gallparasiten ausgeübte Auslösungsreize zur Entwicklung gebracht werden. So können z. B. männliche Geschlechtsorgane in weiblichen Blüten, Adventivsprossen auf Blattspreiten, Adventivwurzeln usw. durch Gallreize aus latenten Potenzen [143]) hervorgelockt werden. Auch brutknospenartige Gallen und Rückschläge auf Jugendformen bei der Cecidienbildung zeigen, wie bei der Gallentwicklung die in der Wirtspflanze angelegten Fähigkeiten zur Geltung kommen. Die Potenz zur Haarbildung ist in der Pflanzenwelt sehr weit verbreitet; bei zahlreichen Gallen auftretende Haare können daher wohl auch auf die Aktivierung von Haarbildungspotenzen durch Gallreize zurückgeführt werden,

[142]) Küster, a. a. O. S. 322.

[143]) Unter einer „Potenz" zur Wurzelbildung etwa verstehen wir hier die der Pflanze oder einem Pflanzenteil zukommende Fähigkeit, auf geeignete Auslösungsreize hin Wurzeln hervorzubringen. Die Potenz repräsentiert also den wesentlichsten Bestandteil der Gesamtursache, der den Charakter des Gebildes bestimmt, das aus ihr entsteht, während der hinzukommende Auslösungsreiz sozusagen nur den Anstoß für die Entfaltung der Potenz abgibt. Neben der Potenz zur Entwicklung eines Gebildes und der oder den Auslösungsursachen ist vielfach noch Stoff- und Energiezufuhr vonnöten, wenn die Entwicklung vonstatten gehen soll. Das Samenkorn enthält die Potenz zur Bildung einer Pflanze von bestimmter Art; damit sich diese aus dem Samen entwickle, ist Feuchtigkeit, Nahrung, Licht usw. zur Auslösung, Stoff- und Energieversorgung erforderlich.

um so eher, als die Haarbildung notorisch stark von äußeren, etwa klimatischen Reizen beeinflußt wird.

Auch Uebereinstimmungen zwischen den Formen von Pflanzengallen und denjenigen normaler Gebilde nahe verwandter Arten mögen auf die Aktivierung schlummernder Potenzen durch Gallreize zurückgeführt werden. Es sei hier nur die Vergleichbarkeit der Zotten auf den von Rhodites rosae hervorgerufenen Bedeguaren mit den normalen Zotten der Moosrose erwähnt.

Schließlich müssen wir mit Küster [144]) noch unser Augenmerk darauf richten, daß die Schichtenfolge im Aufbau zahlreicher Gallen der normalen Schichtenfolge im Bau der Achsen dikotyler Pflanzen entspricht. Gallen der verschiedensten Wirtspflanzen, erzeugt von verschiedenen Galltieren und äußerlich ganz unähnlich, zeigen doch in ihrer Gewebedifferenzierung auffällige und wesentliche Uebereinstimmungen: innen finden wir immer wieder dieselbe Schicht dünnwandiger, nährstoffreicher Zellen, weiter nach außen eine starkwandige Schutzschicht mit verholzten Zellwänden und als äußerste Schicht mehrere Lagen dünnwandiger Zellen. Bei den dikotylen Achsen würden das Mark dem Nährgewebe der Gallen, das Xylem der festen mechanischen oder Schutzschicht, primäre Rinde und Phloëm der äußeren Gallenschicht, der Gallenrinde entsprechen. Auch in der Anordnung der Leitbündel kann unverkennbare Aehnlichkeit von Gallen und normalen Sprossen bestehen.

[144]) Küster, a. a. O. S. 298.

Hier zeigt sich also wiederum, wie die normalen Bildungspotenzen der Pflanzen, ausgelöst und beeinflußt durch anormale Reize, bei der Gallbildung zur Geltung zu kommen; sie bestimmen vielleicht den uns so zweckmäßig erscheinenden Schichtenbau der Markgallen. Mit Recht dürfte Küster diese die Potenzen der Wirtspflanzen heranziehende Erklärung der Gallenschichtung der oben erwähnten Hypothese vorziehen, welche die Schichtenbildung auf Diffusionszonen von Gallengiften zurückführt.

„Das Thema, das überaus zahlreiche Gallen mit ihrer Gewebedifferenzierung wiederholen, kennen wir von der normalen Anatomie her, es hat mit dem Gallenreiz d i r e k t wenig oder gar nichts zu tun; — die Variationen des Themas aber, welche die histologische Eigenart der Gallen ausmachen, sind die Reaktionen des wachsenden und sich differenzierenden Gallengewebes auf die spezifisch verschiedenen Gallenreize [145]."

In diesen Worten liegt nun schon eine Mahnung, nicht alle Eigenschaften der Gallen lediglich auf die in den normalen Gebilden der Wirtspflanzen sich offenbarenden Potenzen zurückzuführen und die Uebereinstimmung zwischen Gallen und normalen Pflanzenteilen nicht zu übertreiben. Schon im äußeren und gröberen Bau haben zahlreiche Gallen viel Eigenes gegenüber den Teilen der Wirtspflanze; bei den von Küster als „prosoplasmatisch" [146]) bezeichneten Gallen treten

145) Küster, a. a. O. S. 299.

146) Küster, a. a. O. S. 190 f.

im Gewebeaufbau neuartige, in der normalen Entwicklung und Ausbildung der Wirtspflanzenorgane nicht vorkommende Differenzierungen auf, welche nicht selten weit komplizierter sind als die des normalen Wirtsorganes. Die prosoplasmatischen Gallen sind überdies durch konstante Form- und Größenverhältnisse ausgezeichnet. Daß unter dem Einfluß der Gallenreize konstant geformte, wohlcharakterisierte *Neubildungen an der Wirtspflanze auftreten können, die den* normalen Individuen völlig fremd sind, lehrt schon eine flüchtige Umschau unter den Cynipidengallen der Eichen und Rosen[147]). Die Zellen der Gallen weichen nicht nur in ihrer Gruppierung von den normalen Verhältnissen ab, sondern sie unterscheiden sich auch sehr häufig in Form und Größe wesentlich von den Zellen des gallentragenden Wirtsorgans, ja des Wirtsorganismus überhaupt; sie sind manchmal sehr groß, abnorm kompliziert und mit eigenartig ausgebildeten Membranen ausgestattet. Die Bildungsvorgänge, durch welche die neuartigen Zellen und Zellverbände entstehen, sind freilich im Prinzip dieselben wie bei der normalen Entwicklung der Zellen und Gewebe, nur daß die normalen elementaren Bildungsweisen bei der Gallentwicklung am anormalen Ort, zu unrechter Zeit, in atypischer Intensität oder veränderter Richtung vor sich gehen.

Aus dem soeben Dargelegten ergibt sich nun, daß es sich bei der Gallbildung nicht nur um einfache Auslösung von Bildungspotenzen handeln kann, aus welchen auch die nor-

[147]) Küster, a. a. O. S. 303, 304.

malen Pflanzenteile hervorgehen. Entweder müssen die äußeren, Gallen hervorrufenden Einflüsse vielfach mehr sein als bloße Auslösungsursachen, oder in den Wirtspflanzen müssen besondere Potenzen für die Gallenproduktion schlummern, die im normalen Pflanzenleben nicht zur Produktion entsprechender Gebilde gelangen; natürlich können auch beide Möglichkeiten verwirklicht sein.

Da die Annahme, daß galltragende Pflanzen besondere Gallbildungspotenzen besitzen, die sozusagen eigens für die Gallentwicklung da sind, zunächst als bedenklich erscheinen mag, beginnen wir mit der Betrachtung der anderen Möglichkeit. Wir fragen also, ob die äußeren, Gallen hervorrufenden Einflüsse, die unmittelbar oder mittelbar vom Parasiten herrühren, für Gallstrukturen verantwortlich gemacht werden können, die neuartig erscheinen gegenüber den an der Wirtspflanze vorkommenden. In solchem Falle wären diese Einflüsse nicht nur „Auslösungsreize" [148]), die lediglich eine vorhandene Potenz zur Entfaltung ihrer bestimmten Leistungen anregen, ohne im übrigen das Produkt der Potenzentfaltung mitzubestimmen; sie wären vielmehr strukturbestimmende oder „strukturelle" [149]) Reize, Faktoren, welche das Produkt der Reizung, die Struktur der Neubildung mitbestimmen.

Es ist sehr wohl möglich, daß strukturbestimmende Reize bei der Entwicklung prosoplasmatischer Gallen eine nicht un-

---

148) Küster, a. a. O. S. 321.

149) Ebendort. Uebrigens wirken alle Reize als Auslösungsursachen; die Wahl der Ausdrücke ist also nicht ganz unbedenklich.

bedeutende Rolle spielen; auf solche Reize mag man mancherlei gegenüber den Wirtspflanzengeweben neuartige Gewebedifferenzierungen zurückführen. Nach Küster scheinen „die bisher ermittelten ontogenetischen Tatsachen nicht gegen die Annahme zu sprechen, daß Auslösungs- und strukturelle Reize die Anlage und die ersten Entwicklungsphasen der Gallen bestimmen, und während der späteren Entwicklungsphasen hauptsächlich oder ausschließlich Auslösungsreize wirksam werden [150])."

Wie hoch man aber auch die Bedeutung strukturbestimmender Reize einschätzen mag, mir will doch scheinen, daß sie nicht für alle jene Eigenschaften der Gallen verantwortlich gemacht werden dürfen, die man nicht auf Potenzen zurückführen kann, welche normalen Wirtspflanzenteilen, ihren Formen und Strukturen, zugrunde liegen. Ich glaube, daß außer strukturbestimmenden Reizen und außer solchen durch Gallreize ausgelösten Wirtspflanzenpotenzen, die sich auch in den normalen Gebilden der Wirtspflanze offenbaren, noch besondere Gallbildungspotenzen bei der Entwicklung mancher Cecidien eine Rolle spielen müssen. Die Ansicht, daß galltragende Pflanzen über spezielle Potenzen eigens für die Gallbildung verfügen, wie sie auch etwa besondere Potenzen für die Blüten- und die Fruchtbildung besitzen, mag zunächst wenig zusagend erscheinen. Doch gibt es Gallgebilde, die man wegen ihrer besonderen, streng bestimmten Form nicht

[150]) Küster, a. a. O. S. 324.

wohl auf die in Frage kommenden strukturellen Reize zurückführen kann, die vielmehr ganz bestimmte Potenzen voraussetzen; Potenzen, die aber doch nicht mit jenen identifiziert werden können, die sich im normalen Formenschatz der Wirtspflanze offenbaren, weil jene Gallgebilde in ihrem ganzen Bauplan durchaus von allen Gebilden der Wirtspflanze abweichen.

Um diese meine Ansicht zu begründen, könnte ich mich auf einen von Küster angeführten Ausspruch Beyerincks stützen, der einmal die Kollari-Galle ein besonderes, eigenartiges Organ der Eiche nennt, das ebenso wie das Blatt der Eiche oder ihre Blüte diese Bewertung verdiene [151]). Wie man nun für das Blatt und die Blüte, für jedes „besondere, eigenartige Organ" einer Pflanze in ihr (etwa in ihrer Vererbungssubstanz, im „Keimplasma" oder „Idioplasma") eine besondere Bildungspotenz annimmt, so wird man daher auch für eine solche Galle in der Wirtspflanze eine spezielle Bildungspotenz anzuerkennen haben.

Doch will ich mich lieber auf das Beispiel einer Galle berufen, die wir bereits geauer betrachtet haben. Wenden wir uns also wieder dem seltsamen Gebilde zu, welches durch die Gallmücke Hormomyia Réaumuriana auf dem Blatte der großblättrigen Linde (Tilia grandifolia) hervorgerufen wird [152]). Diese seltsame Galle, aus der zur rechten Zeit die Innengalle in Gestalt eines wohlgebildeten, schwach konischen Pfropfens

[151]) Küster, a. a. O. S. 304.

[152]) Siehe oben S. 44, 45.

ausgestoßen wird, der in einer Höhlung die Larve birgt, kann schwerlich einfach durch strukturelle, vom Parasiten stammende Reize erzeugt werden, ohne daß spezifische Bildungspotenzen der Wirtspflanze erforderlich wären. Wir verstehen wohl, daß anormale Wasser- und Nährstoffzufuhr Zellen und Gewebe modifizieren können, daß Verwundung und Gifteinwirkung Wucherungen und Schwellungen produzieren können, ohne daß eigens für solche Effekte spezifische Potenzen vorhanden sein müßten. Wir verstehen auch, daß solche Wucherungen bestimmte Form annehmen können, etwa Kugelgestalt, wenn der betreffende Reiz im Innern eines Gewebes nach allen Richtungen in gleichem Maße wirkt. Ferner möchte auch eine Schichtenbildung im Innern der Galle noch allenfalls allein als Folge einer Reizung durch eine Giftmischung erklärlich erscheinen, wie oben angedeutet wurde. Endlich könnte man es verstehen, wenn durch Schrumpfung und dergl. solche Schichten sich voneinander lösten. Daß aber die exakt geformte Innengalle in Gestalt eines mit ovaler Höhlung versehenen schwach konischen Propfens durch diffundierende Gifte, Wundreizung und dergl. aus dem Massiv der Außengalle so abgelöst werde, daß sie in dieser sitzt wie ein Ei im Eibecher, ist doch wohl unglaubhaft. Ein so kompliziert und exakt gestaltetes Gebilde, wie diese Lindengalle, läßt sich nicht einfach durch zufällige Ausbreitung von Reizungen, durch Diffusion von Giften und dergl., erklären. Die Reizungen müßten sich in verschiedenen Richtungen in ganz verschiedener Weise und Entfernung geltend machen; dies möchte man noch allenfalls gelten lassen, aber die verschiedenen Wirkungen in den verschiedenen Richtungen müßten zugleich in feiner Korrelation stehen, wenn das exakt und kompliziert gestaltete Gebilde zustandekommen soll, und diese feine Korrelation ist bei der Ausbreitung von Giften, Ernährungsstörungen und dergl. doch wohl nicht möglich.

Wir werden also annehmen, daß hier andere formbildende Faktoren im Spiele sind, die wir dann in der Wirtspflanze suchen müssen. Wie wir nun für die bestimmt und oftmals kompliziert gestalteten Früchte oder Blüten oder Blätter besondere Bildungspotenzen in den Pflanzen annehmen, so werden wir auch für unsere bestimmt und kompliziert geformte Lindengalle eine Bildungspotenz in der Linde fordern müssen. Diese Gallenbildungspotenz wird aber schwerlich mit der Potenz zur Bildung irgendeines normalen Organes oder Organteiles der Linde identisch sein; ich wüßte wenigstens kein Gebilde an der Linde zu nennen, das im Bauplan mit unserer Galle so weit übereinstimmte, daß man beiden die gleiche Potenz zugrunde legen könnte. Im vorliegenden Falle ist die Galle von der Frucht ihrer Wirtspflanze völlig verschieden; die Früchte der Linden sind kleine, ein- bis zweisamige Nüßchen, die ein kleines Schnäbelchen und fünf Kanten haben und sich beim Keimen fünfklappig öffnen.

Wir werden also dazu gedrängt, in der Linde eine besondere Bildungspotenz eigens für diese bestimmte Gallenart anzunehmen, so seltsam eine solche Hypothese auch erscheinen mag. Der Fall dieser Lindengalle steht aber nicht vereinzelt da; wir hätten etwa auch Deckel- oder Kapselgallen unserer Ueberlegung zugrunde legen können. Manche dieser Gallen braucht man nur anzusehen, um den Eindruck zu gewinnen, daß sie allein durch strukturelle Reizung nicht entstehen können, daß bei ihrer Bildung bestimmte Potenzen im Spiele sein müssen, wie bei der Entstehung von Früchten oder Blüten. Wenn sich z. B. aus der Wandung der oben[153]) erwähnten Galle des Schmetterlings Cecidoses eremita an Zweigen von Duvalia longifolia, die kugelförmig, hart und mit einer großen Larvenkammer versehen ist, zur gegebenen Zeit dem Ansatzpunkt am Zweige gegenüber ein schön kreisförmiger, mit einem vorspringenden Rande versehener Oeffnungspfropfen löst, so wird auch diese spontane Abtrennung eines bestimmt gestalteten Gallenteiles nicht durch strukturelle Reizung allein zustande kommen; auch hier wird eine spezielle Bildungspotenz der Wirtspflanze anzunehmen sein. Ein Gleiches könnte wohl auch für die Deckelgalle von Cecidomyia cerris auf der österreichischen Eiche[154]) ausgeführt werden, deren kreisförmiger Deckel sich in so scharfer Umgrenzung ablöst, als sei er mit einem Messer ausgeschnitten. Diese Galle gleicht vielleicht mit ihrem oberen Teile ein wenig der Spitze einer Eichel, ist aber im ganzen wiederum so eigenartig gebaut, daß auch sie eine besondere Bildungspotenz einzig für ihre Entwicklung fordern dürfte.

Die angeführten Beispiele mögen genügen zur Begrün-

---

[153]) Siehe oben S. 42, 43.

[154]) Siehe oben S. 42.

dung unserer Hypothese, daß spezielle Bildungspotenzen der Wirtspflanzen für manche Gallen anzunehmen sind. Dies Ergebnis wird bei dem Bemühen, die Entstehung der fremddienlichen Gallenzweckmäßigkeit zu erklären, berücksichtigt werden müssen. Wir werden sehen, daß daraus sehr ernste Schwierigkeiten für manche Erklärungsversuche erwachsen.

Uebrigens darf dabei nicht vergessen werden, daß unsere ätiologischen Betrachtungen und Ergebnisse vielfach sehr hypothetischen Charakter tragen.

Zur Erklärung des Zustandekommens der fremddienlichen Gallenzweckmäßigkeit

Wenden wir uns nun nach unserer Behandlung der allgemeinen Frage nach den Ursachen der Gallbildung dem teleologischen Problem zu, wie speziell die fremddienliche Zweckmäßigkeit der Pflanzengallen zustandegekommen sein mag.

Aetiologie und Gallenzweckmäßigkeit.

Die ätiologischen Darlegungen haben zu diesem Problem einige Beiträge geliefert. Wir sahen etwa, wie eigenartige osmotische [155]) und Transpirationsverhältnisse [156]) bei den Gallen in unmittelbarer Nähe der Parasiten dünnwandige Zellen und voluminöse, dünnwandige Haare entstehen lassen; die zweckmäßig erscheinende Dünnwandigkeit dieser Nährzellen und -haare erklärt sich also durch die anormalen Wasserverhältnisse, welche ihrerseits durch die Anwesenheit des Parasiten, die mehr oder weniger vollständige Abschließung der Larvenhöhle gegen die Außenluft und durch andere Umstände

---

155) Siehe oben S. 56.

156) Siehe oben S. 63, 64.

erklärt werden können. Indessen lassen sich keineswegs alle fremddienlich-zweckmäßigen Besonderheiten der Nährzellen auf besondere Wasserfülle zurückführen; denn während sonst hyperhydrische Gewebe plasmaarm zu sein pflegen [157]), sind die Nährgewebe der Gallen substanzreich, wie es die Versorgung der Parasiten erfordert.

In anderen Punkten ist die Sachlage eine ähnliche: die ätiologischen Betrachtungen machen zwar diese oder jene Zweckmäßigkeitserscheinung zum Teil leichter verständlich, geben aber keine erschöpfende Erklärung. Trotz des negativen Ausfalls der Versuche, durch chemische Reize gallartige Neubildungen hervorzurufen, mag man es nicht weiter wunderbar finden, wenn gewisse Stoffe, die vom Gallparasiten ausgehen, verstärktes Wachstum und Gewebewucherung bewirken; ist doch auch sonst die Annahme Wachstum-bewirkender Stoffe der Wissenschaft nicht fremd; stellen doch ferner Wucherungen häufige Wirkungen anormaler Einflüsse dar [158]). Staunenswert aber muß es erscheinen, daß bei Ausstülpungs- und Umwallungsgallen die Wachstumssteigerung nicht unmittelbar beim Parasiten, sondern in einiger Entfernung vom ihm am stärksten ist [159]), obwohl die Stärke der chemischen Reizung doch vermutlich mit der Entfernung vom Parasiten abnimmt. Diese Wachstumsverhältnisse sind zwar sehr zweckmäßig, da sie zur Umhüllung des Parasiten führen;

[157]) Küster, a. a. O. S. 261; siehe oben S. 56.

[158]) Vgl. das unten S. 86 über Procecidien Gesagte.

[159]) Siehe oben S. 60 f.

kausal aber sind sie nicht ohne weiteres verständlich. Die Sache wird noch seltsamer dadurch, daß sich bei den nach ganz anderem Prinzip aufgebauten Markgallen auch die Wachstumsintensität zweckentsprechend anders verteilt und etwa dort am größten ist, wo die chemische Reizung am stärksten sein mag, nämlich in der Mitte des Gebildes[160]). Nun mag man dem kausalen Verständnis durch ad hoc ersonnene Annahmen zu Hilfe kommen und etwa vermuten, bei den Ausstülpungs- und Umwallungsgallen sei in nächster Nähe des Parasiten das Wachstum gehemmt, weil dort die chemische Reizung allzu stark sei. Wir haben gegen derartige kausale Hilfshypothesen nichts einzuwenden; sind wir doch der Ansicht, daß der ganze Bildungsvorgang der Galle und aller ihrer zweckmäßigen Einrichtungen streng kausal gesetzmäßig erfolgt. Aber mit jener Hilfsannahme wäre das teleologische Problem, welches die Verteilung der Wachstumsintensität bei den Ausstülpungs- und Umwallungsgallen darbietet, noch nicht erledigt. Hätten wir doch nunmehr zu erklären, wie es kommt, daß bei diesen Gallen der chemische Reiz unmittelbar beim Parasiten immer zweckentsprechend überstark ist, während bei Markgallen dort keine übergroße Reizstärke auftritt; denn diese zweckmäßigen Intensitätsverhältnisse der chemischen Reizung wären ebenso erklärungsbedürftig, wie die zweckmäßigen Verhältnisse der Wachstumsintensität. Immerhin wäre die Zurückführung auf die Reizstärke-Verhältnisse für die Teleologie nicht bedeutungslos; indem wir die Zweck-

160) Siehe oben S. 62.

mäßigkeit in die Reizung und damit in den reizausübenden Parasiten verlegen, bahnen wir landläufigen Teleologiehypothesen (z. B. der Selektionslehre) den Weg; doch davon später.

Auch die Berufung auf bei der Gallbildung ins Spiel kommende Potenzen der Wirtspflanze, zu der die Aetiologie genötigt schien, macht besondere Hypothesen zur Erklärung der Zweckmäßigkeitsentstehung nicht überflüssig. Handelt es sich um spezielle Potenzen eigens für die Gallbildung, so wird man fragen, wie die Pflanzen zu solchen Potenzen kommen, die nicht ihnen selbst dienen, sondern fremddienlich zweckmäßige Gebilde entstehen lassen; hier wird das teleologische Problem sogar besonders dringend, wie ein Blick auf die oben wiederholt betrachtete Lindengalle oder auf die selbsttätig sich öffnenden Stöpsel- und Deckelgallen dartut. Handelt es sich aber bei der Gallbildung um abnorme Entfaltung von Potenzen, die normalerweise die Frucht- oder die Sproßbildung, kurz die Entstehung von normalen Pflanzenteilen ermöglichen, so erhebt sich die Frage, wie es komme, daß eine für ganz andere Gebilde bestimmte Potenz auch zur Hervorbringung fremddienlicher Zweckmäßigkeit Verwendung finden kann. Bei der Erörterung der Aehnlichkeit von Gallen und Früchten sagt Kerner von Marilaun: „Das Wunderbare dabei ist, daß die Umgestaltung des wachsenden Gewebes in einen fruchtähnlichen Körper stets eine für die angesiedelten Tiere höchst vorteilhafte ist, indem ihnen die durch ihren Einfluß umgestalteten Gewebe nicht nur Wohnräume und Nahrung, sondern auch Schutz gegen die Ungunst der Witterung und gegen die Angriffe feindlicher Tiere bieten [161])."

Es kann also keine Rede davon sein, daß die Aetiologie, die „Entwicklungsmechanik" der Gallen, die Frage nach dem Zustandekommen ihrer fremddienlichen Zweckmäßigkeit bereits erledigt habe. Wenn auch hier und da eine zweckmäßige Einrichtung ätiologisch schon befriedigend erklärt erscheint, so sind doch angesichts der Fülle fremddienlicher Zweckmäßigkeit, welche die Gallen aufweisen, weitere Erklärungsbemühungen erforderlich.

Im Vertrauen auf die allgemeine Kausalgesetzmäßigkeit der Welt nehmen wir an, daß wie die übrigen, so auch die fremddienlich zweckmäßigen Eigenschaften der Gallen ihre Ursachen haben. Unser Problem ist aber gerade, wie es zu erklären sei, daß die Gallbildungsursachen nicht nur hier und da einmal etwas zufällig Zweckmäßiges, sondern eine Fülle auffälliger, z. T. komplizierter fremddienlich-zweckmäßiger Einrichtungen hervorbringen. Wie alles in der Welt, so muß die Entstehung dieser Fülle fremddienlicher Zweckmäßigkeit ihre Gründe haben, die zu finden das Ziel unserer Erklärungsversuche und Hypothesen sein muß.

Wenn es gilt, das Zustandekommen biologischer Zweckmäßigkeitserscheinungen zu verstehen, so bietet sich eine Reihe von Erklärungsprinzipien und Hypothesen an. Wir müssen nun unter ihnen Umschau halten, um zu prüfen, ob

---

161) Kerner, a. a. O. S. 544.

der eine oder andere von diesen Erklärungsversuchen das Zustandekommen der fremddienlichen Zweckmäßigkeit der Gallen verständlich machen kann.

Ausnutzungsprinzip.

Ich beginne mit dem „Ausnutzungsprinzip“ [162]), weil dieses möglicherweise ein Fundament abgibt, auf dem andere Hypothesen weiterbauen können.

Die Lebewesen nutzen das, was sie an sich selbst vorfinden und was die Umwelt ihnen bietet, so gut es geht aus. Bildet sich z. B. am Körper eines Tieres irgendwo aus irgendwelchen Gründen eine harte, scharfe oder spitze Stelle, so wird sie unter Umständen als Wehr oder Waffe Verwendung finden; durch diese Ausnutzung erscheint dann jenes Gebilde als zweckmäßig, obwohl seine Entstehung mit Wehrzwecken nichts zu tun hatte. Ebenso wird ausgenutzt, was die Umwelt bietet; so sucht etwa der Organismus die Verhältnisse auf, unter denen er seine Eigenschaften am besten verwerten kann, und erscheint dann an jene angepaßt, zweckmäßig für sie eingerichtet. Der Verfasser bezeichnet diese Erklärung von Anpassungen als Ausnutzungsprinzip [163]).

Unser Prinzip kann nach meiner Meinung freilich nur einen Teil der Anpassungen, und zwar meist nur verhältnismäßig einfache Zweckmäßigkeitserscheinungen erklären.

---

[162]) E. Becher, Theoretische Beiträge zum Darwinismus. Arch. f. Rass.- u. Gesellsch.-Biol. 7, 1910, S. 270 f.

[163]) Vgl. auch E. Becher, Naturphilosophie, a. a. O. S. 393.

Aber diese beschränkte Leistungsfähigkeit ist vielleicht nicht belanglos für unser spezielles Problem. Wir haben gesehen, wie bei der Gallbildung vielfach eine anormale Auslösung von Potenzen ins Spiel kommt, die normalerweise irgendeinen Teil der Wirtspflanze, Frucht oder Sproßachse z. B., hervorbringen. Diese Potenzen werden also nicht von den Gallparasiten oder für sie geschaffen, sondern sie werden als bereits vorliegende Eigenschaften der Pflanzen von jenen nur ausgenutzt. Daß dabei aber für die Parasiten Zweckmäßiges entsteht, kann man wenigstens z. T. daraus erklären, daß die Galltiere allmählich unter Entwicklung eines auswählenden Instinktes dazu gelangt sind, nur solche Potenzen solcher Pflanzen durch ihre Reize zu aktivieren, die für sie Nützliches hervorbringen. So sind Erzeuger von Markgallen dazu gelangt, speziell die Achsenbildungspotenzen zu aktivieren, weil dadurch die für sie zweckmäßige Folge der Schichten um die Larvenkammer entsteht. So mag es sich erklären, warum Gallen, die den Früchten der Wirtspflanze gleichen, für ihre Gäste zweckmäßig sind: die Parasiten haben es „gelernt", nur solche Pflanzen und Pflanzenteile zur Aktivierung von Fruchtbildungspotenzen anzuregen, bei denen die entstehenden fruchtähnlichen Gebilde für sie zweckmäßig gebaut sind. Und in entsprechender Weise mag vielfach geeignete Auswahl von Pflanzen und Pflanzenteilen und Ausnutzung bereits vorhandener Fähigkeiten beim Zustandekommen fremddienlicher Gallenzweckmäßigkeit eine Rolle spielen. So wird die Dünnwandigkeit wasserreicher

Zellen, die an sich mit Gallenzweckmäßigkeit nichts zu tun hat, durch Ausnutzung dünnwandiger Zellen als Nährzellen von seiten der Gallparasiten zu einer für sie zweckmäßigen Eigenschaft gestempelt.

Die Fähigkeit, auf gewisse Reize mit Wucherungen zu reagieren, dürfte im Pflanzenreich weit verbreitet und unabhängig von ihrem Nutzen für Gallparasiten entstanden sein. Es gibt nämlich Fälle, in denen durch Eiablage deutliche Geschwülste erzeugt werden, eine fremddienliche Zweckmäßigkeit der Neubildungen aber fraglich erscheint, weil die Larven sogleich nach dem Ausschlüpfen aus dem Ei die Wucherungen oder „Procecidien" verlassen. So entstehen Procecidien nach Ablage der Eier der Libelle Lestes viridis auf Alnus, Betula, Cerasus, Cornus, Crataegus, Fagus, Fraxinus, Ligustrum, Nyssa, Pirus, Populus, Prunus, Quercus, Rhamnus, Rubus, Salix, Ulmus und Viburnum; die Wucherungen können bis 2 mm lang und bis 1 mm breit werden [164]). Es liegt nun nahe, anzunehmen, daß bei einigen Pflanzenarten unter dem Einfluß parasitärer Reizung Geschwülste entstanden, die für die Parasiten besser verwertbar waren; durch Ausnutzung dieser verwertbaren Wucherungsfähigkeit ergab sich dann das teleologische Verhältnis. So mag man insbesondere die ersten Anfänge in der Phylogenese der fremddienlichen Zweckmäßigkeit zu erklären versuchen.

Die Ansicht, daß in solcher Weise das Ausnutzungsprinzip zur Erklärung des Zustandekommens der fremd-

[164]) Küster, a. a. O. S. 6; vgl. Roß, a. a. O. S. 3.

dienlichen Zweckmäßigkeit herangezogen werden könne, wird bestärkt durch die Spezialisation, welche die Gallparasiten bei der Wahl der Wirtspflanzen bekunden. Die weitaus meisten Gallenerzeuger sind auf einen engen Kreis von Wirtspflanzen angewiesen, und sehr viele rufen nur auf den Arten einer Gattung oder auf einer einzigen Art Gallen hervor[165]). Wir werden dies mit unserer Berufung auf das Ausnutzungsprinzip in Zusammenhang bringen, indem wir annehmen, daß eben nur bei einigen oder einzelnen Pflanzenarten die bestimmten Gallparasiten gut brauchbare Fähigkeiten vorfanden; um gerade diese auszunutzen, beschränken sie sich auf jene wenigen oder einzelnen Arten.

Natürlich wird man nun weiter fragen, wie denn jener Auswahlinstinkt entstanden sei, und wie die Fähigkeit, die betreffenden verwertbaren Potenzen der Pflanzen durch geeignete Reize zu aktivieren. Gewiß sind das wichtige Fragen, zumal die Instinkte, die die Galltiere zur rechten Zeit die geeignete Pflanze und den richtigen Pflanzenteil finden lassen, höchst staunenswert erscheinen. Aber wir können diese Fragen hier beiseite lassen, da es sich dabei nicht mehr eigentlich um fremddienliche, sondern um art-(nachkommen-)dienliche Zweckmäßigkeit handelt: indem die Gallparasiten geeignete Reize produzieren und Instinkte zur Auswahl der ausnutzbaren Pflanzen und Pflanzenteile entwickeln, fördern sie ihre eigene Nachkommenschaft und Art. Hier kommen also die üblichen Hypothesen zur Zweckmäßigkeitserklärung und

165) Küster, a. a. O. S. 329 f.

speziell die Instinktentstehungshypothesen in Betracht: Selektionismus, Lamarckismus, Psycholamarckismus, andere Formen des Vitalismus und sonstige metaphysische Anschauungen. Eine Entscheidung zwischen ihnen kann an dieser Stelle nicht begründet werden; wir dürfen uns hier auf unsere spezielle Frage beschränken, wie die fremddienliche Zweckmäßigkeit zustandegekommen sei, und wir dürfen uns zufriedengeben, wenn wir dies Problem so weit gefördert haben, daß nur noch selbst- oder artdienliche, also sozusagen „gewöhnliche" Zweckmäßigkeit zu erklären bleibt.

Wenn nun auch das Ausnutzungsprinzip in dieser Richtung einiges leisten mag, so führt es doch nicht durchweg zum Ziele. Man könnte gegen eine weitgehende Verwendung unseres Prinzips zur Erklärung der Gallenzweckmäßigkeit vielleicht schon das Vorkommen von Gallen an Vertretern aller Pflanzenordnungen [166]) anführen wollen; man könnte meinen, es sei doch unwahrscheinlich, daß bei Pflanzen aller Ordnungen ausnutzbare Fähigkeiten sich finden. Darauf ließe sich immerhin antworten, daß der eine Gallparasit diese, der andere jene Fähigkeit ausnützen mag, je nach den Reizen, über die er verfügt, und je nach seinen Lebensbedürfnissen. Man könnte ferner darauf hinweisen, daß manche Fähigkeiten im Pflanzenreich sehr verbreitet und darum in den verschiedensten Pflanzenordnungen ausnutzbar sind, so etwa die Haarbildungspotenz und wohl auch die Fähigkeit zur Bildung dünnwandiger Zellen bei besonderen Wasserverhält-

[166]) Roß, a. a. O. S. 36.

nissen. Endlich aber wäre zu betonen, daß das Vorkommen von Gallen sich doch nicht gleichmäßig auf das ganze Pflanzenreich verteilt; sie finden sich zahlreicher und vielgestaltiger bei den Samenpflanzen als bei den Sporenpflanzen. Die meisten Gallen treten an Dikotylen auf, unter denen wiederum die Holzgewächse am gallenreichsten sind [107]). Dies mag uns an die oben [108]) betrachtete Aehnlichkeit der Schichtenbildung in Markgallen und dikotylen, verholzte Zellwände aufweisenden Achsen erinnern; die große Häufigkeit der Gallen an Dikotylen, insbesondere an Holzgewächsen, ließe sich mit der Ausnutzbarkeit der Achsen- (und Holz-) bildungspotenz für die Gallbildung in Zusammenhang bringen.

Trotz der Abwehr dieses Einwandes bleibt es aber dabei, daß höchstens ein Teil der fremddienlichen Zweckmäßigkeitserscheinungen bei Gallen durch das Ausnutzungsprinzip erklärt werden kann. Wir finden, wie oben dargelegt wurde, an Gallen vielfach Bildungen, Gewebe und Zellen, die an den normalen Wirtspflanzen nicht vorkommen. Solche neuartigen Bildungen, die den normalen Wirtspflanzen durchaus fehlen, die außer bei Gallen nicht vorkommen, können aber im allgemeinen nicht durch das Ausnutzungsprinzip erklärt werden; denn damit etwas ausnutzbar sei, muß es zunächst einmal vorhanden sein, oder es muß wenigstens die Fähigkeit, die aktivierbare Potenz dazu vorliegen. Richten wir noch einmal unsere Aufmerksamkeit auf die wiederholt heran-

---

107) Roß, a. a. O. S. 36.

108) S. 69.

gezogene, ihre Innengalle ausstoßende Lindengalle, auf die sich selbsttätig öffnenden Deckel- und Stöpselgallen, die besondere Potenzen der Wirtspflanze eigens für die Gallbildung vorauszusetzen scheinen! Hier kann das Ausnutzungsprinzip das Zustandekommen der fremddienlichen Zweckmäßigkeit nicht erklären; denn die Ausstoßungs- und Oeffnungseinrichtungen dieser Gallen oder doch die entsprechenden Bildungspotenzen der Wirtspflanze müssen erst da sein, ehe sie ausgenutzt werden können. Hier gilt es gerade, zu erklären, wie die Pflanzen zu Potenzen gekommen sind, die nicht der Bildung ihrer normalen Teile zu dienen scheinen, sondern eigens für die Parasiten geschaffen scheinen. Dieser Frage steht das Ausnutzungsprinzip ratlos gegenüber.

Zuchtwahlprinzip.

Wir müssen uns also nach anderen Erklärungsprinzipien umsehen. Unter den Hypothesen zur Erklärung des Zustandekommens biologischer Zweckmäßigkeit spielt immer noch die Darwinsche Selektionslehre die erste Rolle, obwohl zu den alten gegen sie gerichteten Einwänden inzwischen schwerwiegende neue gekommen sind, die insbesondere auch aus der Vererbungswissenschaft, aus Johannsens Lehre von den reinen Linien erwachsen [169]). Wir können uns hier nicht der

[169]) W. Johannsen, Elemente der exakten Erblichkeitslehre, einschließlich der biologischen Variationsstatistik [2]. Jena 1913; ders., Experimentelle Grundlagen der Deszendenzlehre, Variabilität, Vererbung, Kreuzung, Mutation, in Allgemeine Biologie, Kult. d. Gegenw. III, IV, 1., hrsg. v. Chun u. Johannsen, Leipzig u. Berlin 1915 („Zunächst

umfangreichen Aufgabe unterziehen, zu prüfen, inwieweit jene Bedenken berechtigt sind. Eines der bekanntesten Bedenken würde jedenfalls durch Heranziehen des Ausnutzungsprinzips erheblich abgeschwächt werden können: Man pflegt wohl gegen Darwin einzuwenden, die ersten Ansätze zu Anpassungen seien vielfach nicht durch Selektion zu erklären, weil sie noch nicht oder nur in zu geringem Maße zweckmäßig seien. Hier könnte das Ausnutzungsprinzip häufig, insbesondere auch bei der Gallenzweckmäßigkeit, Hilfe leisten. Die ersten Stufen in der phylogenetischen Entwicklung der Gallenzweckmäßigkeit wären durch dies Prinzip zu erklären, wären auf Ausnutzung verwertbarer Wucherungsfähigkeiten und anderer brauchbarer Potenzen der Pflanzen zurückzuführen.

Wir lassen also im übrigen die allgemeinen Bedenken gegen die Selektionslehre hier beiseite, ohne ihnen ihre Bedeutung absprechen zu wollen, und fragen speziell, ob das Darwinsche Zuchtwahlprinzip uns die fremddienliche Gallenzweckmäßigkeit verständlich machen kann, wobei wir etwa die durch das Ausnutzungsprinzip gebotene Erklärungsgrundlage voraussetzen. Kann das Selektionsprinzip uns da weiterführen, wo das Ausnutzungsprinzip versagt? Konnte natürliche Zuchtwahl die Anfänge fremddienlicher Zweckmäßigkeit, die durch Ausnutzung irgendwie entstandener verwertbarer

ist es völlig evident, daß die Genetik die Grundlage der Darwinschen Selektionslehre ganz beseitigt hat", S. 659). Umfassende Darstellung und Kritik der Einwände gegen den Darwinismus bei Plate, a. a. O. Vgl. ferner z. B. E. Becher, Naturphilosophie, S. 397 f.

Potenzen sich ergeben hatten, weiterführen bis zu der Fülle zweckmäßiger Erscheinungen, die uns die Pflanzengallen zeigen?

Das Problem, welches die Gallen der Selektionstheorie darbieten, ist vielfach vernachlässigt worden. Darwin selbst, der doch seine Hypothese so vielseitig und gründlich ausbaut, schneidet unseres Wissens jenes Problem nicht an, obgleich er zuweilen [170]) den Gallen von anderen Gesichtspunkten aus seine Aufmerksamkeit zuwendet. Und auch das zusammenfassende Handbuch des Darwinismus, welches fast erschöpfend über alle Teilprobleme, Schwierigkeiten, Einwände und über deren Abwehr bis in die neueste Zeit Rechenschaft gibt, Plates Werk über das „Selektionsprinzip und Probleme der Artbildung", läßt die Frage der Gallenzweckmäßigkeit beiseite [171]), führt auch in seinem reichen Literaturverzeichnis Arbeiten, in denen inzwischen die Bedeutung der Gallen für die Zuchtwahllehre erkannt und geprüft worden war [172]), nicht an.

Diese Bedeutung ist nicht gering, da die Gallenzweckmäßigkeit dem Selektionsprinzip sehr ernste Schwierigkeiten bietet. Wir haben bereits eingangs darauf hingewiesen, daß

---

[170]) Vgl. z. B. Ch. Darwin, Die Entstehung der Arten usw. Deutsch v. Haek, Leipzig (Reclam) o. J. S. 32.

[171]) L. Plate, a. a. O. In der 3. Auflage (1908) werden die Gallen, wie mir scheint, überhaupt nicht erwähnt; in der 4. (1913) finde ich sie zwar im Register, nicht aber im Text auf der bezeichneten Seite 506 angeführt, und ich kann auch an keiner anderen Stelle im Text etwas über die Gallenzweckmäßigkeit finden.

[172]) Einschlägige Literatur (vor allem Beiträge in Nature 41, 1890), bei Küster, a. a. O. S. 368.

die Zuchtwahlhypothese durchaus auf die Erklärung der selbst- bzw. artdienlichen Zweckmäßigkeit abzielt, der fremddienlichen gegenüber jedoch versagt. Wenn durch Variation (oder auch Mutation) der Wirtspflanze und ihrer Potenzen etwas für die Gallparasiten Nützliches sich ergibt, so haben dadurch die Wirtspflanze und ihre Nachkommenschaft keine Vorteile im Daseinskampf, sondern eher aus der Begünstigung der schädlichen Parasiten fließende Nachteile. Der Kampf ums Dasein wirkt also nicht auf überdurchschnittlich häufige Erhaltung und Summierung solcher für die Gallgäste nützlicher Wirtspflanzen-Variationen (oder -Mutationen) hin, züchtet nicht fremddienlich-zweckmäßige Eigenschaften.

Man kann nun versuchen, die Gallenzweckmäßigkeit doch noch selektionistischer Erklärung zugänglich zu machen, indem man die Fremddienlichkeit auf Selbst- und Artdienlichkeit zurückführt. Dafür bieten sich zwei Wege an, die durch unsere früheren Betrachtungen bereits angedeutet sind.

Wir haben am Anfang unserer Untersuchung schon darauf hingewiesen, daß zunächst fremddienlich-zweckmäßig erscheinende Einrichtungen, wie die Nahrung-bietenden Gewebe von Früchten und der Nektar der Blüten, bei genauerer Betrachtung sich manchmal doch als selbst- oder nachkommendienlich erweisen. Man hat nun vermutet, auch die Pflanzengallen seien in letzter Linie selbstdienliche Gebilde. Man hat etwa wiederholt gemeint, die Gallbildung bedeute einen Versuch der Wirtspflanze, den Parasiten einzukapseln und aus dem eigenen Leibe zu entfernen; Einkapselung von

Fremdkörpern und Parasiten finden wir als Schutzmaßnahme bei Pflanze, Tier und Mensch (z. B. bei der Tuberkulose). Doch lehnt Küster diese Ansicht wohl mit Recht ab, da Wundkork — das Gewebe, welches bei „höheren Pflanzen jene Aufgabe übernimmt und löst — bei der Gallenbildung nicht die geringste Rolle spielt und höchstens erst nach der Entwicklung des Gallenerzeugers auftritt, um die Galle abzustoßen" [173]). Jedenfalls würde der Einkapselungsversuch kaum als selbstdienlich-zweckmäßig erscheinen, da er dem Feind Nahrung, Obdach und Schutz gewährt, um ihn dann freizulassen, wenn sein Wohl dies fordert; diese Einkapselung läuft durchaus auf Förderung des Schädlings und somit auf Selbst- und Artschädigung hinaus. Wenn die Galle ihren Bewohner zur Vernichtung, etwa zum Verhungern, einkerkerte oder ihn frühzeitig durch Wundkorkbildung aus der Pflanze entfernte, so läge die Sache für die selektionistische Erklärung ganz anders.

Oder sollte die Gallbildung für die Wirtspflanze doch wenigstens relativ zweckmäßig sein, indem sie das kleinere von zwei Uebeln darstellte? Indem die Pflanze den Gallparasiten an eine bestimmte Stelle fesselt und ihn dort versorgt, verhindert sie ausgebreitete Zerstörungen durch den vagierenden Schädling.

Es ist kaum zu entscheiden, ob die durch die Gallbildung erzielte Lokalisation des Parasiten der Wirtspflanze mehr Nutzen als Schaden bringt. Das Substanzopfer zur Ernäh-

[173]) Küster, a. a. O. S. 371.

rung des Schädlings muß doch gebracht werden, und man könnte vielleicht meinen, die Pflanze könne den Substanzverlust leichter durch Nachbildung von Blättern usw. decken als durch Ausbildung und Regeneration von besonderen Nährgeweben in oder an den Gallen, zumal die Fähigkeit zur Neubildung verlorener Blätter usw. in der Pflanzenwelt allgemein verbreitet ist. Außerdem stände dem etwaigen Nutzen durch Lokalisation des Schädlings der Nachteil gegenüber, der aus der Förderung des Feindes durch die Gallbildung erwächst. Man sollte glauben, die Pflanze habe sehr viel mehr Aussicht, von einer auf den Blättern umherkriechenden Larve durch Vögel u. dgl. oder auch durch Sturm und Regen befreit zu werden, als von einer in der Galle geborgenen.

Nun kommt aber hinzu, daß die Wirtspflanze den Gallengast nicht nur durch Umhüllung und lokale Nährstoffversorgung an eine bestimmte Stelle fesselt, sondern darüber hinaus ihrem Feinde noch mancherlei Wohltaten erweist. Soll es etwa für die Wirtspflanze von Nutzen sein, wenn sie durch Hartschichtbildung, Gerbstoffproduktion, Stachelentwicklung u. dgl. ihren Feind in der Galle beschirmt? Es erscheint eher vorteilhaft für sie, wenn sie durch auffällige, fruchtähnliche Färbung usw. Tiere anlockt, die Galle zu verzehren und so den undankbaren Gast zu vernichten. Aber gerade gegen den Angriff durch hungrige Tiere erscheinen die Gallen mit ihren Insassen vielfach geschützt. Und warum schaffen manche Gallen ihren Gästen zur rechten Zeit durch selbsttätige Oeffnung einen bequemen Ausweg? Geschieht es etwa, um die Verletzung durch das sich andernfalls mit seinen Freßwerkzeugen einen Weg bahnende Tier zu vermeiden? Indessen auch bei der selbsttätigen Oeffnung von Beutelgallen und anderen, ihre Cecidozoen völlig einschließenden Gallen erfolgen Gewebszerreißungen [174]), und bei der Betrachtung der von Gallenbewohnern hervorgebrachten Oeffnungen hat man nicht den Eindruck, daß die Oeffnungsprozedur den Wirtspflanzen schade. Wenn ich das vom Parasiten geschaffene Loch der mir gerade vorliegenden kugelförmigen Eichengalle der Gallwespe Cynips Kollari [175]) mit dem Stöpselloch der kugligen Galle vergleiche, die durch Cecidoses Eremita an den Zweigen von Duvalia longifolia hervorgebracht wird [176]), so gewinne ich nicht die Ueberzeugung, daß die selbsttätige Gallöffnung merklichen Schaden vermeide. Gegenüber dem übrigen, durch Substanzverlust verursachten Schaden kommt der durch die Oeffnungsprozedur entstandene wohl gar nicht in Betracht.

Fassen wir schließlich nochmals die durch Hormomyia Réaumuriana auf dem Blatt der großblättrigen Linde hervorgebrachte Galle (oder die ihr ähnliche Galle auf dem Blatte einer brasilianischen Celastrus-Art) ins Auge! Welchen Nutzen sollte die Linde von der Abtrennung und Ausstoßung der stöpselartigen Innengalle haben? Es geht doch nicht an, lediglich dem Selektionsprinzip zu Liebe bei den Galleinrich-

---

[174]) Küster, a. a. O. S. 356.

[175]) Abbildung bei Roß, a. a. O. Taf. VI, Fig. 123, 124.

[176]) Abbildung bei Kerner, a. a. O. S. 526, Fig. 5, u. Küster, S. 359, Fig. 151.

tungen selbst- oder artdienliche Zweckmäßigkeit einfach zu postulieren, wo nur fremddienliche Zweckmäßigkeit zu erblicken ist.

Man könnte auf den Gedanken kommen, die Wirtspflanze beschränke sich nicht auf Umhüllung und Nahrungsversorgung des Parasiten und biete ihm noch weitere Vorteile bei der Gallbildung an, um ihn desto sicherer in der Galle festzuhalten und am Umherschweifen zu verhindern. Doch dürfte dazu die Umschließung und günstige lokale Nahrungsversorgung durchaus genügen; und die Schutzmittel gegen allerhand Feinde oder die Oeffnungs- und Ausstoßungseinrichtungen werden die Parasiten, die nichts von ihnen wissen, schwerlich stärker an die Galle fesseln. Man könnte wohl annehmen, daß durch entsprechende Instinktentwicklung die Galltiere um so mehr an die Gallen gebunden würden, je mehr Vorteile diese ihnen böten. Aber die Vorteile müßten zunächst einmal da sein, um die wohl ziemlich langwierige Entwicklung solcher Instinkte veranlassen zu können, welche die Galltiere an die Gallen fesseln; die vorteilhaften Einrichtungen müßten also zustandekommen, lange bevor sie zur Verhinderung des Umherschweifens der Larven beitragen könnten; jene Einrichtungen können daher nicht aus dieser etwaigen Verhinderungswirkung erklärt werden. Auch ist zu bedenken, daß eine Pflanzenart sich selbst empfindlich schadet, indem sie durch Darbietung von Vorteilen einen Parasiten immer mehr an sich fesselt und ihn von anderen, etwa verwandten Pflanzenarten abzieht.

Wie man auch die Sache drehen und wenden mag, es bleibt dabei, daß die Gallenzweckmäßigkeit zahllosen Pflanzenfeinden das Leben ermöglicht und so den Wirtspflanzen gewaltigen Schaden bringt. Wenn Naturzüchtung so komplizierte Bildungen, wie sie manche Gallen darstellen, wegen der äußerst fragwürdigen selbstdienlichen Nützlichkeit derselben entwickeln konnte, warum hat sie dann nicht die einfachere und für die Wirtspflanze viel wertvollere Leistung vollbracht, Vorrichtungen zur Vernichtung oder Ausstoßung der Schädlinge hervorzubringen? Warum umwuchern die Wirtspflanzen die Eier und Larven nicht mit festen, nährstoffarmen, für Luft undurchlässigen Geweben, in denen die eingekerkerten Schädlinge verhungern und ersticken müßten. Wenn Naturzüchtung die komplizierten gastlichen Gallwohnungen produzieren konnte, warum dann nicht solche einfacheren, für die Wirtspflanzen sehr zweckmäßigen Kerker? Wenn natürliche Zuchtwahl in der mehrfach erwähnten Lindengalle eine Einrichtung schaffen konnte, welche die stöpselförmige Innengalle mitsamt der in ihr eingeschlossenen Larve zu einer für diese günstigen Zeit ausstößt, konnte sie dann nicht ein Gebilde hervorbringen, das Ei oder Larve früher hinauswirft und sie dadurch zugrunde richtet, oder doch von der Wirtspflanze entfernt? Warum wird die Innengalle nicht, zum Schaden des Parasiten, früher ausgestoßen? Eine entsprechende Frage kann man bei anderen Gallen aufwerfen, die sich zu für die Parasiten günstiger Zeit von den Wirtspflanzen ablösen; frühere Ablösung könnte für die

Parasiten verderblich und für die Wirtspflanzen sehr nützlich sein.

Man mag gegen solche Fragen einwenden, sie stellten unbillige Anforderungen an den Selektionstheoretiker. Sie zeigen aber, wie wenig das Darwinsche Prinzip auf dem eingeschlagenen Wege für das Verständnis der Gallenzweckmäßigkeit leistet. Wenn natürliche Zuchtwahl in ihrem Einfluß auf die Wirtspflanzen die Entwicklung der Gallen bewirkt hätte, so müßten diese, sollte man meinen, nicht auf die Förderung der schädlichen Parasiten, sondern auf ihre Entfernung und Vernichtung angelegt sein; die Gallenzweckmäßigkeit ist eine ganz anders gerichtete, als man dann erwarten sollte. Demnach führt unser erster Weg nicht zu dem erstrebten Ziele, die Gallenzweckmäßigkeit selektionistischem Verständnis zugänglich zu machen.

Wenden wir uns nunmehr dem zweiten Wege zu, der eine Zurückführung der fremddienlichen auf selbst- oder nachkommendienliche Zweckmäßigkeit verheißt, womit eine Voraussetzung für die Anwendung des Selektionsprinzips gegeben wäre. Auch dieser Weg ist durch unsere früheren Erwägungen schon nahegelegt.

Die Gallen sind Produkte von zweierlei Faktoren, der Wirtspflanzen und ihrer Potenzen einerseits und der Parasiten und ihrer Einwirkungen anderseits. Man kann nun versuchen, die Gallenzweckmäßigkeit auf das Konto der Parasiten zu setzen: die Wirtspflanzen produzieren parasitendienliche Gebilde, weil sie von den Parasiten in äußerst zweckmäßiger Weise beeinflußt werden. Die fremddienliche Zweckmäßigkeit der Pflanzengallen geht also auf selbst- und nachkommendienliche Zweckmäßigkeit der Parasiten, der von ihnen ausgeübten Reizkombinationen, zurück. Das Wesentliche in der Phylogenese der Gallen vollzieht sich nicht an den Wirtspflanzen, sondern auf der Seite der Parasiten; in ihnen züchtet der Daseinskampf Instinkte, diejenigen Wirtspflanzen und Pflanzenteile aufzusuchen, die von vornherein und aus Gründen, welche mit Gallbildung nichts zu tun haben, für diese gut ausnutzbare Fähigkeiten besitzen; ferner entwickelt Naturzüchtung in den Parasiten zusammengesetzte Reizmittel, deren Verwendung die Wirtspflanzen zwingt, parasitendienlich-zweckmäßige Gebilde hervorzubringen.

Nach unseren früheren Betrachtungen ergibt sich leicht unsere Stellungnahme zu diesem Versuch, die fremddienliche Gallenzweckmäßigkeit auf selbst- und artdienliche Parasitenzweckmäßigkeit zurückzuführen. Es liegt ein Teil Wahrheit darin: Daß fremddienlich zweckmäßige Gallen zustande kommen, beruht in der Tat zum Teil auf den selbst- und nachkommendienlich zweckmäßigen Instinkten und Reizfähigkeiten, welche die Parasiten betätigen. Aber nach dem, was oben ausgeführt wurde, doch wohl nur zum Teil; wir wurden zu der Hypothese gedrängt, daß manche Wirtspflanzen besondere Potenzen eigens für die Gallbildung besitzen müssen, um etwa die zweckmäßige Einrichtung jener merkwürdigen Lindengalle oder der Deckelgallen hervorbringen zu können. Die Instinkte und Reizfähigkeiten der gallenerzeugenden Parasiten kann man mit dem Selektionsprinzip so gut oder so schlecht erklären, wie andere selbst- oder artdienliche Instinkte und Fähigkeiten; jene besonderen Gallbildungspotenzen der Wirtspflanzen widerstreben als fremddienliche selektionistischer Erklärung.

Hier zeigt sich die Bedeutung der Annahme, daß manche Wirtspflanzen besondere Potenzen eigens für die Gallbildung besitzen. Wie auch immer man im übrigen über das Darwinsche Prinzip denken mag, es kann schwerlich die Gallenzweckmäßigkeit erschöpfend erklären, wenn jene Annahme zu Recht besteht. Sie ist nun freilich hypothetisch, wurde uns aber durch die Tatsachen aufgedrängt.

Die Bedenken gegen die selektionistische Erklärung der Gallenzweckmäßigkeit würden sich sehr vermehren, wenn wir alle jene allgemeinen Einwände gegen die Zuchtwahllehre hier anführen wollten, die auch beim Gallproblem in Betracht kommen. Geben wir etwa einmal zu, daß die Gallbildung auch für die Wirtspflanze einen relativen Vorteil habe, indem sie Schlimmeres vermeiden helfe! Werden nun die zumeist kleinen Fortschritte in der Gallbildung, die Variationen oder Mutationen der Wirtspflanze mit sich bringen mögen, Selektionswert haben, d. h. im Daseinskampfe einen entscheidenden Vorsprung verleihen? Das ist um so fraglicher, als ja gar nicht jede Pflanze, die so ihre Gallbildungsfähigkeit verändert, von gallenerregenden Parasiten befallen wird; die nicht befallenen aber haben gar keinen Vorteil von der Veränderung. Die befallenen Pflanzen hinwiederum, welche die Verbesserung der Gallbildungspotenz anwenden, stehen im Daseinskampfe immer noch erheblich ungünstiger da als die nicht befallenen Artgenossen, denen die Verbesserungsvariation fehlt, zumal Galleninfektion vielfach die Reproduktionsfähigkeit hemmt [177]). Unter diesen Umständen ist die Aussicht auf eine züchtende Bevorzugung solcher Variationen und Mutationen durch den Daseinskampf gar zu gering.

Indessen wollen wir solche allgemeineren, jedoch auch beim Gallenproblem in Betracht kommenden Einwände gegen die Zuchtwahlhypothese hier nicht weiter verfolgen. Es genüge der Hinweis darauf, daß bei manchen Gallen auch das sogenannte Koadaptationsproblem [178]) Schwierigkeiten machen dürfte.

Inwieweit Roux' Lehre vom züchtenden Kampfe der Teile im Organismus [179]) auf die Gallen Anwendung finden kann, braucht hier gleichfalls nicht untersucht zu werden, da offensichtlich die fremddienliche Zweckmäßigkeit, wie sie sich in den Oeffnungseinrichtungen der Deckel- und Stöpselgallen offenbart, einer Erklärung durch Roux' Prinzip unzugänglich ist.

---

[177]) Küster, a. a. O. S. 380.

[178]) Plate, a. a. O. S. 209 f., 487 f.; E. Becher, Naturphilosophie, S. 401.

[179]) W. Roux, Der Kampf der Teile im Organismus. Leipzig 1881.

Lamarckismus, Psycholamarckismus, Hilfshypothese einer psychischen Teilnahme der Wirtspflanze an Wohl und Wehe des Parasiten.

In vielen Fällen, in denen das Selektionsprinzip auf Schwierigkeiten stößt, pflegen die Altdarwinianer zur Lösung des Teleologieproblems Lamarcksche Gedanken heranzuziehen, soweit sie ihnen mit mechanistischen Anschauungen vereinbar scheinen; sie erblicken in der Gebrauchskräftigung und der Nichtgebrauchsatrophie, die sie für erblich halten, Prinzipien der Zweckmäßigkeitsentwicklung aktiv funktionierender Organe (Bewegungs-, Verdauungsorgane usw.). Aber die Gallen sind keine aktiv arbeitenden Organe, sondern im wesentlichen durchaus passive Gebilde. Und es versteht sich von selbst, daß etwa die Oeffnungseinrichtungen der Deckel- und Stöpselgallen nicht durch Gebrauchskräftigung oder Nichtgebrauchsatrophie erklärt werden können.

Die Lehre von der Entwicklung durch Gebrauch und Nichtgebrauch bildet nur einen Teil des ursprünglichen Lamarckismus. Dieser enthält außerdem psychovitalistische Gedanken, die neuerdings durch Pauly, A. Wagner, Prochnow, S. und E. Becher u. a. ausgebaut worden sind [180]). Der Psycholamarckismus unserer Tage weist nicht unwesentlich verschiedene Ausgestaltungen auf [181]), die aber allesamt

---

[180]) Auch Boveri und Spemann haben Sympathien für solche Anschauungen gezeigt.

[181]) Vgl. die Anmerkungen auf S. 7, 8 u. S. 113.

nur auf die Erklärung selbstdienlicher (und allenfalls noch nachkommendienlicher) Zweckmäßigkeit eingerichtet sind. Die eingangs schon angedeuteten Grundgedanken der unserer Ansicht nach annehmbarsten Ausgestaltung lassen sich etwa in folgender Weise wiedergeben: Alle lebenden Organismen, Pflanzen wie Tiere, sind beseelt. Wenn irgendwelche Einflüsse auf ein Lebewesen einwirken und sein Wohl und Wehe berühren, so gelangt dies in ihm zu lust- oder unlustvoller Empfindung (die bei uns freilich „unbewußt", unserer inneren Wahrnehmung unzugänglich, bleiben kann). Zugleich werden, insbesondere durch schädliche, unlustbringende Einflüsse, allerhand „Probierreaktionen" angeregt, d. h. irgendwelche Funktionen, zu denen der Organismus befähigt ist, die vielfach völlig unnütz sind, aber infolge ihrer Mannigfaltigkeit zufällig auch nutzbringende Vorgänge unter sich aufweisen können. Solche nützlichen, etwa jene Einflüsse zweckmäßig beantwortenden, durch sie ausgelöste Unlust beseitigenden, ein Bedürfnis befriedigenden Reaktionen werden nun vom Lebewesen als lustvoll verspürt und darum gedächtnismäßig festgehalten; später werden sie bei passender Gelegenheit, bei Wiederholung der betreffenden Einflüsse, wiederholt, eventuell in verbesserter, „geübter" Form. So „lernt" das Lebewesen durch „Probieren", die Einflüsse, denen es ausgesetzt ist, in zweckmäßiger Weise zu beantworten. Dabei hat der Psycholamarckismus bisher vorausgesetzt, daß nur die das eigene Wohl fördernden, selbstdienlich zweckmäßigen Reaktionen vom Lebewesen als befriedigend oder lustbringend verspürt und darum gedächtnismäßig festgehalten und wiederholt werden. So ergibt sich natürlich, daß die Pflanzen und Tiere nur selbstdienlich zweckmäßige Reaktionen erlernen. Diese Reaktionen können aber auch in gestaltbildenden Vorgängen bestehen, die ja auch durch Reize, durch irgendwelche Einflüsse, angeregt werden können. Zweckmäßige gestaltbildende Prozesse aber sind solche, welche zweckmäßige Formen und Gebilde produzieren. So lernt das Lebewesen also durch Probieren, zweckmäßige Gebilde hervorzubringen. Der Psycholamarckismus nimmt nun an, daß das individuell Erlernte mehr oder weniger erblich ist. Die Nachkommen können immer wieder Neues erlernen und das von ihren Ahnen Erworbene dadurch vervollkommnen. So steigert sich durch von Generation zu Generation fortgesetztes Probieren und gedächtnismäßiges und erbliches Festhalten des als wohltätig und lustvoll Verspürten die Zweckmäßigkeit von Reaktionen und Gestaltungen immer mehr. Natürlich kommen auf diese Weise nur selbstdienlich zweckmäßige Reaktionen und Gebilde zustande, wenn das Lebewesen nur das als lustvoll verspürt, was sein eigenes Leben erhalten und fördern hilft.

Demnach wäre echt fremddienliche Zweckmäßigkeit zunächst psycholamarckistischer Erklärung verschlossen. Wir könnten nun wiederum versuchen, die Gallenzweckmäßigkeit auf dem einen oder anderen Wege auf selbstdienliche Nützlichkeit zurückzuführen, um sie psycholamarckistischem Verständnis zugänglich zu machen. Doch liefe dieser Versuch im wesentlichen auf die Wiederholung des oben[182]) Ausgeführten hinaus; er verspricht daher keinen durchgängigen Erfolg.

Wenn wir uns also nach neuen Wegen umsehen, so drängt sich uns eine einfache, wenngleich freilich seltsam anmutende Hilfsannahme auf, die den Psycholamarckismus im Prinzip auch auf fremddienliche Zweckmäßigkeit anwendbar machen würde. Küster spricht gelegentlich von dem „merkwürdigen Altruismus, den die Wirtspflanzen bei der Bildung von Gallen bekunden" [183]). Wir wollen dies einmal ziemlich wörtlich nehmen; wir wollen dem Gedanken Raum geben, daß die Wirtspflanzen nicht nur die Förderung und Hemmung des eigenen Lebens, sondern auch das Wohl und Wehe der Parasiten lustvoll und schmerzlich verspüren. Von den Parasiten ausgehende Einflüsse mögen die Wirtspflanzen zu Probierreaktionen, auch zu tastenden Gestaltungsversuchen, anregen, und wenn dabei etwas herauskommt, das dem Wohle des Parasiten dient, so wird dies von der Wirtspflanze lustvoll verspürt, und der betreffende Gestaltungsprozeß wird darum festgehalten, fortgeführt, gesteigert und bei neuer Gelegenheit wiederholt. Die so erlernte Gestaltbildungsfähigkeit wird vererbt und im Laufe der Generationen immer mehr vervollkommnet, so daß schließlich die erstaunliche fremddienliche Zweckmäßigkeit herauskommt, die wir an manchen Gallen bewundern.

---

[182]) S. 93 ff.

[183]) Küster, a. a. O. S. 368.

Wir haben die Hilfsannahme, daß Wohl und Wehe des Parasiten von der Wirtspflanze teilnehmend verspürt werden, als seltsam anmutend bezeichnet. In der Tat widerspricht sie landläufigen Anschauungen in mehrfacher Hinsicht. Schon die allgemein psychovitalistische Annahme von der Beseeltheit aller Lebewesen, also auch der Pflanzen, erfreut sich nur geringer Anerkennung, obwohl sich manches dafür, aber wohl kaum Entscheidendes dagegen sagen läßt [184]). Daß aber eine Wirtspflanze, der man doch höchstens ein ganz einfaches seelisches Leben beizulegen bereit sein wird, mit Lust und Unlust am Wohl und Wehe ihrer Gäste teilnehme, wird vielen Lesern als ganz unglaubhaft erscheinen. Doch bleibt zu prüfen, ob solche Ablehnung nicht eher auf eingewurzelten Vorurteilen als auf triftigen Gründen beruht.

Unsere Teilnahme an dem Geschick unserer Mitgeschöpfe gründet sich in letzter Linie auf die Wahrnehmung von „Ausdruckserscheinungen", wie Lachen, Weinen usw.; diese ermöglichen uns ein Erkennen von seelischen Vorgängen, von Lust und Schmerz in der Psyche der Mitmenschen und der

---

[184]) Vgl. dazu etwa G. Th. Fechner, Nanna oder über das Seelenleben der Pflanzen. [1] Leipzig 1848, [3] 1903; A. Pauly, Darwinismus und Lamarckismus. München 1905, XI. Kap., Pflanzenpsychologie. S. 162 ff.; B. Erdmann, Wissenschaftliche Hypothesen über Leib und Seele. Köln o. J. (1907), XIII. Vorl., Der psychophysiologische Parallelismus im Pflanzenleben. S. 232 ff.; R. H. Francé, Pflanzenpsychologie. Stuttgart 1909. W. v. Polowzow, Untersuchungen über Reizerscheinungen bei den Pflanzen. Jena 1909; ferner die S. 7, 8 angeführten Schriften von A. Wagner und E. Becher usw.

Tiere [185]). Aber wir brauchen den Wirtspflanzen kein Erkennen von seelischen Regungen in den Parasiten zuzuschreiben; vielleicht rufen die Aeußerungen des Wohl und Wehe, die auch den Parasiten nicht fehlen werden, unmittelbar im Seelenleben der Wirtspflanze Lust bzw. Unlust hervor. Man kann sich vorstellen, daß Wohlbefinden und Lust in der lebendigen Substanz von einem charakteristischen Zustand begleitet sind, der bei allen Organismen ähnlich ist, und daß ein Gleiches vom Zustande des Uebelbefindens gilt. Bei dem innigen Zusammensein von Wirtspflanze und Parasit könnte nun jener Protoplasmazustand des Parasiten sich auf die lebendige Substanz der Wirtspflanze übertragen und diese so Anteil nehmen lassen an Wohl und Wehe, Lust und Unlust ihres Gastes, ohne daß dabei von einem Erkennen seiner seelischen Regungen die Rede zu sein brauchte.

Das ist nichts als eine bloße Möglichkeit, auf die wir im übrigen kein Gewicht legen, die uns aber immerhin zeigen mag, daß lust- und unlustvolles Teilnehmen der Wirtspflanze am Wohl und Wehe ihres Parasiten keineswegs schlechthin unverständlich wäre, auch keine höheren seelischen Fähigkeiten voraussetzen würde. Unsere Erklärung der Gallenzweckmäßigkeit durch einen in der angedeuteten Weise erweiterten Psycholamarckismus hätte den Pflanzen nur primitive seelische Vorgänge, wie solche der Empfindung, der Lust und Un-

[185]) Genaueres hierüber bei B. Erdmann, Erkennen und Verstehen. Sitzungsber. d. preuß. Akad. d. Wiss. LIII, 1912, S. 1240 ff., insbes. S. 1258 f.; ferner in den Lehrbüchern der Psychologie usw.

lust, des Gedächtnisses, zuzuschreiben. Viele Forscher betrachten aber Empfindungen und Lust-Unlustregungen als ursprünglichste seelische Vorgänge; sie werden zuweilen selbst von darwinistisch und mechanistisch gesinnten Biologen auch den einfachsten Lebewesen zugesprochen [186]). Und auch das Gedächtnis nebst Assoziation und Reproduktion gilt vielfach als Gemeingut aller lebenden Substanz [187]).

Das lust- und unlustvolle Verspüren des Wohl und Wehe des Parasiten durch die Wirtspflanze könnte übrigens noch in anderer als der oben skizzierten Weise erklärt oder gedeutet werden. Irgendwie müßten Lust und Unlust sich vom Parasiten auf die Wirtspflanze übertragen, sei es direkt, ohne alle Vermittlung, sei es indirekt, wie oben angedeutet, durch körperliche Vermittlung infolge der räumlichen Nähe der beiden Lebewesen, sei es endlich indirekt durch Vermittlung eines überindividuellen seelischen Wesens. Doch bevor wir solche neuen, tief in die Metaphysik hineinführenden Möglichkeiten betrachten, wird es angebracht sein, einige Bedenken gegen die psycholamarckistische Hypothese ins Auge zu fassen.

Ein Bedenken trifft nicht nur die psycholamarckistische Lehre, sondern den Lamarckismus überhaupt. Es ist fraglich,

---

[186]) Vgl. z. B. L. Plate, a. a. O. S. 559.

[187]) Vgl. E. Hering, Ueber das Gedächtnis als eine allgemeine Funktion der organischen Materie. Wien 1870; S. Butler, Life and habit. London 1878; R. Semon, Die Mneme als erhaltendes Prinzip im Wechsel des organischen Geschehens. [3] Leipzig 1911; ferner die schon angeführten Schriften von Pauly, Erdmann, Wagner, S. Becher, E. Becher (ausgenommen: Theoretische Beiträge zum Darwinismus) usw.

inwieweit die vom Lamarckismus vorauszusetzende Erblichkeit des vom Individuum Erworbenen, etwa des durch Probieren und gedächtnismäßiges Festhalten Erlernten, anerkannt werden darf. Wenn aber die von einer Wirtspflanze durch Probieren erlernte Gestaltbildungsreaktion, die zur Erzeugung oder Verbesserung einer Galle führt, nicht potentiell [188]) vererbt wird, wenn die Nachkommen der Pflanze in ihrem Probieren wieder von vorne anfangen müssen, dann kann sich die Gallbildungspotenz nicht von Generation zu Generation steigern und vervollkommnen; dann können die komplizierteren Gallbildungen nicht in der dargelegten Weise auf Probieren zurückgeführt werden. Denn daß ein Individuum der großblättrigen Linde durch Probieren von Reaktionen, durch lustvolles Verspüren ihres eventuellen Nutzens für den Parasiten und durch gedächtnismäßiges Festhalten nützlicher, lustspendender Reaktionen rein aus sich heraus, ohne ererbte Gallbildungspotenz, zur Produktion der mehrfach betrachteten Galle der Hormomyia Réaumuriana gelange, ist gewiß nicht anzunehmen; so schnell gehen derartige Neuerwerbungen nicht vonstatten, und auch die Konstanz der Gallform wäre bei einer derartigen, rein individuellen Produktion schwer verständlich.

[188]) Wir denken hier nur an Vererbung der erworbenen Gallbildungs f ä h i g k e i t , nicht der Gallen selbst. „Daß auf die Nachkommenschaft der von Gallenerzeugern besiedelten und deformierten Pflanzen Blattbeutelgallen, Linsengallen, Stengelschwellungen usw. nicht erblich übertragen werden, . . . versteht sich wohl von selbst" (Küster, a. a. O. S. 311). Doch ist Vererbbarkeit von Gallen mehrfach vermutet worden; vgl. Küster, a. a. O. S. 312, auch Kerner, a. a. O. S. 545, 546.

Möglicherweise scheitert also die psycholamarckistische Erklärung schon an den noch strittigen Erblichkeitsverhältnissen; wir können hier auf diese weitschichtige Frage nicht eingehen [189]). Doch haben wir ein weiteres Bedenken gegen die psycholamarckistische Erklärung der Gallenzweckmäßigkeit ins Auge zu fassen, ein Bedenken, das dem Psycholamarckismus auch sonst nicht selten im Wege steht [190]). Wenn unter mancherlei Probierreaktionen ein Gestaltungsprozeß auftritt, der in seiner Durchführung schließlich Wertvolles schaffen würde, so wird dieser Prozeß häufig zunächst doch gar keinen lustvoll verspürbaren Nutzen bringen. Wird er darum nicht aufgegeben werden, wie andere gänzlich unnütze Probierreaktionen alsbald eingestellt werden? Wenn z. B. bei einer den Parasiten allseits umschließenden Galle unter anderen Probierprozessen erste Ansätze zur Ablösung eines Deckels auftreten, so wird die Larve von dieser Einleitung einer Entwicklung, die zu Zweckmäßigem führen könnte, keinen Vorteil verspüren, da sie ja doch in alter Weise sich mit ihren Freßwerkzeugen irgendwo einen Weg durch die Gallenwand bahnen muß. Die Wirtspflanze wird also die Ansätze zur

[189]) Vgl. zu dem Problem z. B. A. Weismann, Aufsätze über Vererbung und verwandte biologische Fragen. Jena 1892; die angeführten Schriften von Johannsen; V. Haecker, Allgemeine Vererbungslehre. [2] Braunschweig 1912; R. Semon, Das Problem der Vererbung „erworbener Eigenschaften". Leipzig 1912; L. Plate, das bereits angeführte Werk sowie Vererbungslehre, Leipzig 1913, und andere Lehrbücher der Vererbungswissenschaft.

[190]) Vgl. z. B. E. Becher, Naturphilosophie . . . S. 411.

Deckelbildung bald einstellen, da sie zunächst der Larve keinen spürbaren Nutzen und der Pflanze selbst keine teilnehmende Lust einbringen. Aber auch wenn eine Probierreaktion für den Parasiten Nützliches und Lusterregendes hervorbringt, ist oftmals noch zu befürchten, daß die Wirtspflanze die erfolgreiche Reaktion nicht festhalten wird, etwa weil diese längst vorbei und „vergessen" ist, ehe Nutzen und Lust eintreten. Nehmen wir einmal an, eine Wirtspflanze versehe durch eine Probierreaktion eine Galle mit Stacheln; diese Stacheln mögen nach einiger Zeit Nutzen bringen, indem sie hungrige Tiere von der Galle fernhalten. Es ist schon wenig wahrscheinlich, daß dieser Nutzen besondere Lustgefühle auslöst; besteht er doch in etwas bloß Negativem, im Nicht-Verzehrt-Werden. Ferner aber erscheint es sehr fraglich, ob die Wirtspflanze den erfreulichen Effekt, wenn sie etwas von ihm merkt, mit der stachelbildenden Reaktion in Zusammenhang bringt, die doch zeitlich weit zurückliegen kann. Die Pflanze weiß ja wohl nicht um diesen Zusammenhang und es können daher jener nützliche Effekt und seine Lustbetonung ebensogut oder besser mit irgendeiner andern etwa gleichzeitig mit ihnen erfolgten Reaktion in Zusammenhang kommen; die Pflanze würde dann also die verkehrte, etwa gänzlich unnütze Reaktion als lustbegleitet gedächtnismäßig festhalten und eventuell steigern, was nicht zur Produktion von Zweckmäßigem führen würde. Ueberhaupt ist zu befürchten, daß unnütze oder schädliche Probierreaktionen oftmals fixiert und gesteigert, zweckmäßige Reaktionen hingegen fallen gelassen werden, weil die durch diese bedingte Lust zufällig mit jenen zusammenfällt, und jene darum fälschlich als lustbringend festgehalten werden, bis sich etwa bei Wiederholungen ihre Nutzlosigkeit oder Schädlichkeit zeigt.

Schopenhauers, Bergsons, v. Hartmanns, Drieschs, Reinkes Lehre vom Leben; theistische Anschauung.

Sonderlich befriedigend wird man nach alledem auch die psycholamarckistische Erklärung des Zustandekommens der Gallenzweckmäßigkeit nicht finden. Bei der Umschau nach neuen Wegen wären nun noch die anderen vitalistischen Zweckmäßigkeitshypothesen ins Auge zu fassen. Wir wollen uns zunächst der verhältnismäßig wenig beachteten Philosophie des organischen Lebens zuwenden, die Schopenhauer ausgebildet hat [191]), weil sie dem Psycholamarckismus nahesteht [192]). Auch nach Schopenhauer offenbart sich in allen Lebewesen Seelisches, nämlich der e i n e Urwille, der der ganzen Welt zugrunde liegt. Es ist schließlich ein und derselbe Wille, der sich in allen Lebewesen, in Wirtspflanzen und Parasiten, äußert. Dabei mag uns nun wieder ein Gedanke in

[191]) A. Schopenhauer, Die Welt als Wille und Vorstellung; ders., Ueber den Willen in der Natur.

[192]) Vgl. O. Prochnow, Die Hauptpunkte der Theorien der aktiven Anpassung Schopenhauers und der Lamarckianer und Neuvitalisten. Ann. d. Naturphilos., 8 (1909) S. 362 ff.; ders., Die Theorien der aktiven Anpassung mit besonderer Berücksichtigung der Deszendenztheorie Schopenhauers. Ann. d. Naturphilos., 1. Beiheft, Leipzig 1910.

Der ursprüngliche Paulysche Psycholamarckismus kam der Schopenhauerschen Teleologie noch näher als die neueren Ausgestaltungen von Prochnow, S. Becher und E. Becher.

den Sinn kommen, der oben bereits gestreift wurde. Wenn man sein Augenmerk darauf richtet, wie das eine Lebewesen, die Wirtspflanze, den Bedürfnissen des anderen, des Parasiten, bei der Gallbildung Rechenschaft trägt, dann entsteht der Eindruck, daß diese Bedürfnisse über das Parasitenindividuum hinaus- und auf das Wirtspflanzenindividuum übergreifen. Dies würde aber unmittelbar verständlich werden durch die Annahme, daß beide Individuen in ein- und demselben überindividuellen Wesen wurzeln, oder daß es das gleiche Wesen ist, welches sich im Parasiten und in der Wirtspflanze offenbart.

Die Schopenhauersche Philosophie bietet uns eine spezielle Ausgestaltung des uralten, metaphysischen Gedankens, daß sich in allen Einzelwesen ein und derselbe überindividuelle Wesenskern manifestiert. Auf diesen Gedanken gründet Schopenhauer seine Erklärung des Mitleids: Dieses Gefühl wird verständlich, wenn wir annehmen, daß der Wille, so sehr er auch als egoistischer Lebensdrang die Individuen zu härtestem Kampfe gegeneinander antreibt, doch im Grunde in allen Lebewesen ein und derselbe ist; mein innerster Wesenskern ist identisch mit dem des leidenden Mitmenschen, darum und nur darum mein Mitleid mit ihm. Diese Erklärung des menschlichen Mitgefühls ließe sich ohne weiteres übertragen auf den Altruismus, den die gallbildenden Wirtspflanzen gegenüber ihren Gästen bekunden. Jene sorgen für ihre Parasiten wie für sich selbst, weil der gleiche eine Urwille in beiden waltet.

Es bleibt aber nun die Frage, wie dieser Wille die zweckmäßigen Eigenschaften der Lebewesen hervorbringt. Dies geschieht nicht mit Hilfe von Verstand und Erkenntnis. „Hier hat nicht der Wille erst die Absicht gehegt, den Zweck erkannt, dann die Mittel ihm angepaßt und den Stoff besiegt; sondern sein Wollen ist unmittelbar auch der Zweck und unmittelbar das Erreichen; es bedurfte sonach keiner fremden, erst zu bezwingenden Mittel: hier war Wollen, Tun und Erreichen eines und dasselbe. Daher steht der Organismus als ein Wunder da . . .[193]).“ Von Probierreaktionen, Festhalten des zufällig Nützlichen und Lustbereitenden durch das Gedächtnis und dergleichen Umständlichkeiten unseres Psycholamarckismus ist nicht die Rede; viel unmittelbarer[194]) entspringt aus dem Willen, der das Wesen des Organismus ausmacht, seine Gestalt mit ihren zweckmäßigen Eigenschaften. So kommt es, daß die Teile des Leibes den Hauptbegehrungen des Willens zweckmäßig entsprechen; sie sind der sichtbare Ausdruck, die Manifestation oder Objektivation derselben. Kau- und Verdauungswerkzeuge sind der objektivierte Hunger, die Genitalien der objektivierte Geschlechtstrieb, die Beine, Flügel und Flossen der objektivierte Bewegungswille.

[193]) A. Schopenhauer, Ueber den Willen in der Natur. Werke, hrsg. v. E. Griesebach, 3. Leipzig (Reclam) o. J., S. 254, Werke, hrsg. v. P. Deussen, 3. München 1912. S. 344.

[194]) Von der Ideenlehre, die Schopenhauer Plato entnahm, und die hier herangezogen werden könnte, dürfen wir absehen.

Wir könnten im Sinne Schopenhauers hinzufügen, die Gallen mit ihren zweckmäßigen Einrichtungen seien das objektivierte Ernährungs- und Schutzbedürfnis ihrer Parasiten, die Oeffnungseinrichtungen der Deckelgallen usw. das objektivierte Befreiungsbedürfnis der Gallengäste; und alle diese Bedürfnisse der Parasiten seien auch Bedürfnisse der Wirtspflanzen und manifestierten sich unmittelbar in ihren Bildungen, weil es derselbe Wille sei, der Parasiten und Wirtspflanzen zugrunde liege.

Diese Uebertragung der Schopenhauerschen Teleologie auf das Gallproblem würde ganz verständlich klingen, obgleich die Schwierigkeit bleibt, daß sonst in der Natur die Lebewesen sich aufs heftigste bekämpfen, obwohl doch in ihnen allen ein- und derselbe Wille leben soll [195]). Bedenklicher aber als diese Schwierigkeit erscheint uns jene Teleologie in ihrer Grundannahme, daß das Zweckmäßige sich unmittelbar aus dem „blinden" Willen oder Trieb ergebe, daß das Wollen unmittelbar auch Erreichen sei und keiner Mittel bedürfe. Von einem echten Verständnis des Zustandekommens der organischen Zweckmäßigkeit kann demnach schwerlich die Rede sein; nicht mit Unrecht würde Schopenhauer den Organismus in seiner Zweckmäßigkeit ein „Wunder" nennen!

Zwar sucht unser Philosoph diesem Einwand zu begegnen und ein Verständnis anzubahnen, indem er auf eine bekannte, analoge Erscheinung hinweist, nämlich darauf, „wie

---

[195]) Schopenhauer weiß Gründe für diesen Kampf beizubringen, die jedoch hier beiseite bleiben mögen.

jeder einzelne momentane Willensakt sofort, unmittelbar [196]) und unausbleiblich sich in der äußeren Anschauung des Leibes als eine Aktion desselben darstellt; so müsse auch das Gesamtwollen jedes Tieres, der Inbegriff aller seiner Bestrebungen, sein getreues Abbild haben an dem ganzen Leibe selbst ... Oder kurz: der Gesamtcharakter seines Wollens müsse zur Gestalt und Beschaffenheit seines Leibes in eben dem Verhältnisse stehen, wie der einzelne Willensakt zur einzelnen ihn ausführenden Leibesaktion [197])." Aber diese Analogie führt uns nicht zum Ziele; denn es ist auch in hohem Maße erklärungsbedürftig, wie aus dem einzelnen Willensakt die entsprechende „Leibesaktion" hervorgeht. Dies geschieht keineswegs „unmittelbar", wie Schopenhauer sagt, sondern durch vermittelnde Vorgänge und auf Grund einer Entwicklungsgeschichte der Willenshandlung, die vielfach (und vielleicht in letzter Instanz stets) auf Probierreaktionen und gedächtnismäßiges Festhalten und Wiederholen der zufällig zweckmäßigen, lustbringenden Reaktionen (Bewegungen) zurückführt. Wenn wir jene Analogie durchführen wollten, so würde die Lehre vom einheitlichen Urwillen (und vom daraus entspringenden Altruismus der Menschen und galltragenden Pflanzen) mit psycholamarckistischen Gedanken zu verbinden sein, wie wir sie oben zur Zweckmäßigkeitserklärung entwickelt haben. Wir würden aber auch wiederum oben angeführten Schwierigkeiten begegnen. —

196) Von mir gesperrt.

197) A. Schopenhauer, a. a. O. Ausgabe von Griesebach, S. 233, 234, Ausgabe von Deußen, S. 325.

Bergsons Philosophie hat mit dem System Schopenhauers manche Berührungspunkte [198]). Insbesondere wurzeln die biologischen Ueberzeugungen [199]) der beiden Denker in wesentlich der gleichen Grundanschauung, die freilich in verschiedener Weise ausgedrückt wird. Der „élan vital", die „Lebensschwungkraft", der „Lebensantrieb", kurzweg das „Leben", vertritt Schopenhauers „Willen" [200]). Der Einheit des „Willens", der in einer Vielheit von Individuen in Erscheinung tritt, entspricht bei Bergson die Einheit des „Lebens". Auf das Gallproblem lassen sich daher Bergsons Grundgedanken in ähnlicher Weise anwenden wie die Schopenhauers [201]).

In Deutschland hat v. Hartmann Schopenhauersche Grundgedanken beim Aufbau seiner „Philosophie des Unbewußten" verwertet, in der die Metaphysik der organischen Natur eine bedeutende Rolle spielt [202]). Doch kommen bei

198) Vgl. G. Jacoby, Henry Bergson und Arthur Schopenhauer. Intern. Monatsschr. f. Wiss., Kunst u. Technik, 10 (1916) Sp. 453.

199) H. Bergson, Schöpferische Entwicklung. Deutsch v. G. Kantorowicz. Jena 1912.

200) „Die Lebensschwungkraft, von der wir sprechen, ist im Grunde ein Verlangen nach Schöpfung" (H. Bergson, a. a. O. S. 255; vgl. ferner z. B. S. 228, 261, jedoch auch S. 236).

201) Vgl. übrigens Bergsons Anschauungen über äußere Zweckmäßigkeit, a. a. O. S. 47 f.

202) E. v. Hartmann, Philosophie des Unbewußten. Berlin, 1869, [11] Sachsa 1904; ders., Das Problem des Lebens. Sachsa 1906; ders., Grundriß der Naturphilosophie. Sachsa 1907.

ihm wesentlich andere Fundamentalgedanken dazu, die für unser Teleologieproblem von Bedeutung sind.

Der Weltkern und Weltgrund ist nach v. Hartmann nicht nur Wille, sondern zugleich auch Vorstellung, Intelligenz, wie gerade die Zweckmäßigkeitserscheinungen dartun. Warum und in welchem Sinne der Weltgrund mit Wille und Vorstellung als „Unbewußtes" bezeichnet wird (der Urwille des älteren Pessimisten wurde als „dunkel" charakterisiert), kann hier unerörtert bleiben. Wichtig ist für uns, daß wie Schopenhauers „Wille" so auch v. Hartmanns „Unbewußtes" eine überindividuelle, eine All-Einheit darstellt. Darum ließe sich der Altruismus der galltragenden Pflanzen von v. Hartmannschen Gedankengängen aus ebenso erklären wie mit Hilfe der Schopenhauerschen Lehre vom überindividuellen Urwillen.

Daß aber dieser Altruismus (parasitendienlich-) zweckmäßige Gebilde hervorbringt, erscheint wie die Entstehung organischer Zweckmäßigkeit überhaupt aus den Grundannahmen v. Hartmanns eher erklärlich als aus der Lehre vom vernunftlosen „blinden" Willen. Denn das „Unbewußte" ist nicht nur Wille, sondern auch Intelligenz; und aus der Verbindung von Wille und Intelligenz entspringt ja die Zweckmäßigkeit, deren Entstehung uns am besten bekannt ist, nämlich die der Kleider, Wohnungen, Hausgeräte, Werkzeuge, Maschinen usw., kurz jener Produkte, die menschlicher Wille, mit Verstand gepaart, hervorbringt.

In diesem Punkte bedeutet also v. Hartmanns Lehre einen Fortschritt; und wenn man mit Schopenhauer das Wesen des Weltgrundes im eigenen Innern finden will, dann liegt auch gar kein entscheidender Grund vor, den Willen vor der Vorstellung, dem Intellekt, den wir doch ebenso in uns vorfinden, in der Weise Schopenhauers zu bevorzugen.

Indessen kann man in dem bloßen Hinweis auf den Willen und die Intelligenz des Weltkernes, der allen Lebewesen wie allen Dingen überhaupt zugrunde liegt, noch keine abschließende Erklärung der organischen und im besonderen der Gallenzweckmäßigkeit erblicken. Ein wirkliches Verständnis erfordert einen genaueren Einblick in die Art und Weise, wie aus jener All-Einheit die Zweckmäßigkeit der einzelnen, endlichen Lebewesen hervorgeht. v. Hartmann hat versucht, diesen Einblick zu gewinnen.

Der aktive, drängende Wille des Urgrundes ist es, der das Weltgetriebe hervorbringt, das dann durch die Intelligenz des Unbewußten zum Vernünftigen, Zweckmäßigen geleitet wird. Die Aktivität, der Drang des urgründlichen Willens offenbart sich dem Naturforscher als Kraft; so besteht die Materie aus Kräften — v. Hartmann lehrt einen atomistischen Dynamismus —. Aber die Kräfte, welche das Wesen der toten Materie ausmachen, die physikochemischen Kräfte, wie wir kurz sagen können, genügen nicht zum Verständnis der Organismen und ihrer Zweckmäßigkeit. Gewiß wirken auch diese physikochemischen Kräfte in den Lebewesen, deren Leibesmaterie ja aus solchen Kräften besteht; aber in den

Organismen offenbart sich das Unbewußte noch in besonderen, höheren, „Ober-Kräften" [203]), die das materielle Getriebe, das Wirken der physikochemischen Kräfte zweckmäßig leiten und ordnen und dadurch die hohe Intelligenz des Unbewußten bekunden. Diese unbewußte Intelligenz ist derjenigen des tierischen und menschlichen Bewußtseins schlechthin überlegen. Die die organische Zweckmäßigkeit durch intelligente Leitung [204]) des physikochemischen Geschehens hervorbringenden Oberkräfte treten der Leibesmaterie und ihren anorganischen Kräften als Verband unräumlicher, immaterieller, unbewußt psychischer Funktionen, als unbewußte Seele, gegenüber. Hier berühren sich also die Lehre v. Hartmanns und der Psycholamarckismus. Sie unterscheiden sich aber dadurch, daß jene den seelischen Funktionen im Individuum eine überindividuelle Grundlage gibt, die bisher im Psycholamarckismus keine Rolle spielte, daß die von den Oberkräften v. Hartmanns entfaltete hohe Intelligenz direkt dem Weltgrunde entstammt, während die seelischen Faktoren des oben dargestellten Psycholamarckismus ihr bescheideneres Können dem Probieren und Behalten, kurz dem Erfahrungsammeln der Individuen verdanken. In dieser Hinsicht erscheint der Psycholamarckismus der Hartmannschen Lehre zunächst überlegen, weil er das Können der im Organismus wirksamen, zum Zweckmäßigen leitenden psychischen Faktoren verständlich macht, ohne sich auf die Intelligenz des

[203]) Vgl. zum folgenden die neueste kurze Zusammenfassung bei v. Hartmann, Grundriß der Naturphilosophie, S. 208—220.

[204]) bei der auch natürliche Zuchtwahl Verwertung findet!

Weltgrundes zu berufen, auf die man schließlich gar zu bequem alle Sorgen des Zweckmäßigkeitsproblems abladen kann. Anderseits sahen wir, daß die psycholarmarckistische Erklärung angesichts mancher zweckmäßigen Einrichtungen versagt, und daß der Altruismus galltragender Pflanzen die Annahme eines überindividuellen seelischen Zusammenhanges ohnehin für den Psycholamarckismus nahelegt.

Wir wollen später versuchen, ob sich nicht eine Verbindung der Anschauungen gewinnen läßt, die ihre Vorzüge vereinigt. Zunächst bleibt noch einiges aus v. Hartmanns Biologie nachzutragen. Jedes Zellorgan, jede Zelle, jedes Organ, jedes Individuum, jeder Stock und Tierstaat, jede Art, Familie, Ordnung usw., ja das ganze Leben unseres Planeten, jeder Himmelskörper und das Universum haben besondere Oberkräfte, wobei die niederen Oberkräfte den höheren dienend eingeordnet sind, sie allesamt aber der Oberkraft des Weltganzen, der absoluten Tätigkeit des Unbewußten sich dienend und harmonisch eingliedern. Daraus begreift sich, wie Zellen und Organe dem Individuum in harmonischer Zusammenarbeit dienen, wie die Individuen wiederum im Dienst der Stöcke und Tierstaaten und der Arten stehen, und es bedarf kaum eines neuen Hinweises darauf, daß sich in analoger Form auch die Fürsorge der Wirtspflanzen für ihre Gäste erklären ließe.

Bei der Entstehung eines leiblichen Gebildes ordnen sich ihm die im Unbewußten wurzelnden Oberkräfte zu, die sich damit individualisieren; beim Tode verlieren diese Kräfte, die

die unbewußte Seele bilden, ihre Individuation, bleiben aber in überindividueller Form [205]) im Unbewußten bestehen.

Die Oberkräfte leisten keine Arbeit im Sinne der Physik, indem sie das materielle Geschehen im Organismus zweckmäßig leiten, so daß etwa die harmonisch gestalteten Organe und Körperformen entstehen. Die Annahme leitender, etwa die Bewegungsrichtung materieller Teilchen beeinflussender Oberkräfte, ist mit der Gültigkeit des Energieerhaltungssatzes durchaus vereinbar, der vielfach gegen den Vitalismus (und die ihm eventuell zuzuzählende Wechselwirkungslehre) ins Feld geführt worden ist [206]). —

[205]) wie die auf Platos Metaphysik zurückgehenden „Ideen" Schopenhauers, die mit v. Hartmanns Oberkräften und Reinkes Dominanten eng verwandt sind. Vgl. O. Prochnow, a. a. O. Ann. d. Naturphilos. 1. Beiheft, Leipzig 1910, S. 58.

[206]) Die Frage ist in der Literatur zum Leib-Seele-Problem und zum Vitalismus so oft behandelt worden, und ich habe mich darüber so ausführlich ausgesprochen, daß ich hier nicht nochmals darauf einzugehen brauche, sondern auf meine früheren Aeußerungen verweisen darf. Siehe E. Becher, Das Gesetz von der Erhaltung der Energie und die Annahme einer Wechselwirkung zwischen Leib und Seele. Zeitschr. f. Psychol. 46 (1907); ders., Energieerhaltung und psychophysische Wechselwirkung. Zeitschr. f. Psychol. 48 (1908); ders., Gehirn und Seele. Heidelberg 1911 S. 382 ff.; ders., Leben und Beseelung, a. a. O. S. 59 f.; ders., Leben und Seele, a. a. O. S. 269 f.; ders., Naturphilosophie, a. a. O. S. 417 f. (vgl. besonders die drei erstgenannten Schriften, die auch weitere Literatur anführen).

Uebrigens kann man sich zugunsten der Ansicht von der Vereinbarkeit des Vitalismus und der Wechselwirkungslehre mit dem Energieerhaltungssatze auf Aeußerungen der Physiker Hertz, Boltzmann, Mach, Lodge und Kohnstamm berufen.

Dem v. Hartmannschen Vitalismus ist derjenige Drieschs [207]) verwandt. An Stelle des Unbewußten und der Oberkraft tritt bei Driesch die „Entelechie". Sie ist weder eine materielle Substanz noch eine Energie; sie ist ein „dynamisch-teleologischer" Faktor, der nur der lebenden Natur angehört und diese von der toten unterscheidet. Selbst unräumlich wirkt sie auf die im Raume ausgedehnte organische Materie, deren Gesetze sie ihren eigenen Zwecken dienstbar macht. Dabei leistet sie keine Arbeit im Sinne der Physik, sondern sie beschränkt sich darauf, durch zeitweise Suspension physikochemischen Geschehens im Organismus zweckmäßig zu wirken, was ohne Verletzung des Energieerhaltungssatzes möglich ist [208]). Wie die Oberkräfte, so individualisiert sich die Entelechie in den einzelnen Organismen; sie ist aber an sich supraindividuell, wie v. Hartmanns Unbewußtes. Obwohl wir in Anbetracht der Individualisierung in einer Vielzahl von Lebewesen von Entelechien im Plural reden können, stellt dieser Drieschsche Naturfaktor doch an sich eine Einheit dar, wiederum wie das Unbewußte v. Hartmanns.

[207]) H. Driesch, Die organischen Regulationen. Leipzig 1901; ders., Die „Seele" als elementarer Naturfaktor. Leipzig 1903; ders., Naturbegriffe und Naturnrteile. Leipzig 1904; ders., Der Vitalismus als Geschichte und als Lehre. Leipzig 1905 (enthält eine kurze, zur Einführung in Drieschs Gedanken geeignete Darstellung); ders., Philosophie des Organischen. 2 Bde. Leipzig 1909 (Hauptwerk).

[208]) Dieser Gedanke erscheint mir bei geeigneter Einschränkung sehr wertvoll für Vitalismus und Wechselwirkungshypothese.

Driesch will aus erkenntnistheoretischen Gründen der Entelechie keine „psychische Natur" zugeschrieben wissen; „in der psychischen Sphäre gibt es für den idealistischen Philosophen nur mein Ich" [209]). Dieser (nur erkenntnistheoretisch gemeinte) Solipsismus gehört zu den Punkten, die Driesch von v. Hartmann und vom Psychovitalismus trennen.

Für uns ist an dieser Stelle das Uebereinstimmende wichtiger. Aus ihm ergibt sich, daß Drieschs Lehre von der supraindividuellen Entelechie dem Problem der Gallenzweckmäßigkeit gegenüber in ähnlicher Lage sich befindet, wie v. Hartmanns Hypothese vom all-einen Unbewußten und den supraindividuellen Oberkräften. —

Noch näher als Drieschs Entelechielehre steht der v. Hartmannschen Hypothese von den Oberkräften die Reinkesche [210]) Dominantenhypothese, die im wesentlichen durchaus unabhängig von der Philosophie des Unbewußten entwickelt worden ist. Die Dominanten sind wie die Oberkräfte in den Organismen zweckmäßig wirkende, unbewußt intelligente Kräfte, die das Geschehen in der lebendigen Substanz lenken, ohne Arbeit im physikalischen Sinne zu leisten. Wie die Oberkräfte in einem Weltgrunde wurzeln, dem höchste Intelligenz zukommt, so auch die Dominanten. Reinke bezeichnet diesen Weltgrund als Weltvernunft und als Gott; dabei lehnt

---

[209]) H. Driesch, Philosophie des Organischen, a. a. O. 2. Bd. S. 138.

[210]) J. Reinke, Die Welt als Tat. Berlin 1899, [6] 1916; ders., Einleitung in die theoretische Biologie. Berlin 1901, [2] 1911; ders., Philosophie der Botanik. Leipzig 1905 u. a.

er den Pantheismus ausdrücklich ab, verhält sich aber im übrigen in der wissenschaftlichen Bestimmung des Gottesbegriffes ziemlich zurückhaltend [211]).

Es braucht kaum gesagt zu werden, daß die Reinkesche Naturphilosophie dem Problem der Gallenzweckmäßigkeit gegenüber in wesentlich der gleichen Lage ist, wie v. Hartmanns philosophische Biologie. —

Der Theismus, der Deismus und der Pantheismus, soweit er nicht nur ein „höflicher Atheismus" ist, können die fremddienliche Zweckmäßigkeit ebenso leicht verständlich erscheinen lassen, wie die selbst- und artdienliche. Gott konnte die gallenerzeugenden Parasiten ebenso gut durch fremddienlich zweckmäßige Einrichtung der Wirtspflanzen unterstützen und lebensfähig machen, wie er alle Lebewesen durch selbstdienlich zweckmäßige Organisation fürs Leben ausrüstet.

Viele Forscher lehnen die theistische (deistische usw.) Erklärung der organischen Zweckmäßigkeit als metaphysisch ab. Warum wir dem nicht zustimmen können, wird alsbald darzulegen sein. Weit ernster als dieses Bedenken ist eine zunächst spezifisch religiöse Schwierigkeit, die auch Darwin gelegentlich betont hat: Man erwäge, daß zur Naturzweckmäßigkeit diejenige der Giftzähne und Raubtierkrallen gehört. Sie auf Gottes Vernunft und Willen zurückzuführen, bedeutet für das feiner entwickelte religiöse Bewußtsein eine harte Zumutung.

---

[211]) Vgl. etwa J. Reinke, Die Welt als Tat, a. a. O., die einschlägigen Kapitel.

Aber dies zum Theodizeeproblem gehörige Bedenken hat auch eine rein naturphilosophische Seite, die sich aus dem Gegeneinanderwirken zweckmäßiger Einrichtungen in der organischen Welt ergibt. Die Natur verleiht auf der einen Seite einem viel verfolgten Tier schnelle Bewegungsorgane, Schutzfärbung, Schutzinstinkte usw., anderseits seinem Verfolger aber auch Schnelligkeit, feine Sinnesorgane, Ueberlistungsinstinkte, Fangmittel usw. Warum diese sich widersprechenden und einigermaßen sich paralysierenden Maßnahmen? Sie scheinen nicht auf eine einheitliche Weltvernunft mit einheitlich harmonischer Zwecksetzung hinzuweisen. Widerstreit und Disharmonie in der Welt hat das religiöse Bewußtsein seit Jahrtausenden bedrückend empfunden und zu einem Gegeneinander von Weltprinzipien und übermenschlichen Mächten ausgedeutet. Die Betrachtung der Natur aber hat das Harmonische in ihr vorzugsweise beachtet, bis Darwins Lehre vom Daseinskampfe die allgemeine Aufmerksamkeit auf die gewaltige Disharmonie hinwandte. Die „dysteleologischen", unzweckmäßigen Einrichtungen [212]), die Haeckel dem Theismus so nachdrücklich entgegenhält [213]), die „Heteromorphosen" [214]), zu Mißbildungen führende Fehlregenerationen (welche etwa einer verletzten Planarie zwei

[212]) Vgl. etwa E. Becher, Naturphilosophie, a. a. O. S. 375.

[213]) und zwar in vielen Schriften; vgl. z. B. E. Haeckel, Natürliche Schöpfungsgeschichte.[11] Berlin 1909 (billige Ausgabe 1911).

[214]) Vgl. etwa Th. H. Morgan u. M. Moszkowski, Regeneration. Leipzig 1907.

Köpfe verleihen), an die Plate erinnert [215]), gehören nebst einer beträchtlichen Anzahl weiterer Erscheinungen in dies Kapitel. Auch bei den Gallen finden wir etwas von solcher Disharmonie, und zwar nicht nur darin, daß die Parasiten die Fürsorge der Wirtspflanzen mit „Undank", mit Schädigungen belohnen, und daß die den Parasiten schützende Bildung von Gallenstacheln usw. zugleich eine feindliche Maßnahme gegen andere Tiere darstellt, denen die Wirtspflanzen ihren Altruismus doch ebensogut zuwenden könnten. Es kommt noch hinzu, daß manche Wirtspflanzen trotz ihres altruistischen Verhaltens gegen die Gallparasiten sich gegen die Aufnahme ihrer schädlichen Gäste zunächst zu wehren scheinen [216]) — abgesehen von den „Eucecidien", bei denen die Zellen des Gallenwirtes die Eindringlinge verdauen, die so dem Wirte wertvolle Substanz liefern [217]) —. Es ist nämlich zu beobachten, daß manche Gallinfektionen vorzugsweise schwachwüchsige Pflanzen befallen, was auf der geringeren Widerstandskraft derselben beruhen mag. Auch erweisen sich manche Rassen der Wirtspflanzenarten (Aepfel, Weinstöcke) gegen Infektion (durch Blutläuse, Rebläuse) besonders widerstandsfähig. Durchaus nicht jede Eiablage von Rhodites rosae auf Rosentrieben führt zur Gallbildung; im Anschluß an Adler berichtet Küster [218]), daß die Eier oft durch Wachstumsveränderungen aus ihrer Versenkung hervorgehoben werden,

[215]) L. Plate, a. a. O. S. 582.
[216]) Küster, a. a. O. S. 370, 371.
[217]) Ebendort S. 366, 368.
[218]) Küster, a. a. O. S. 370.

so daß sie, dem direkten Einfluß der Luft, Hitze und Nässe ausgesetzt, zugrunde gehen. Wird aber die Rose ihren Gast auf solche Weise nicht los, so erwacht ihr Altruismus; sie bildet die schöne, schützende, als Bedeguar bekannte Galle!

Ein Psycholamarckismus, der nur mit einfachsten seelischen Fähigkeiten (wie Empfindungs-, Lust-Unlust-Fähigkeit, Gedächtnis) als Besitz der Einzelorganismen rechnet, nicht aber mit einer überindividuellen, äußerst vollkommenen Weltvernunft, kann den Widerstreit der zweckmäßigen Eigenschaften der verschiedenen Lebewesen und das Vorkommen von Unzweckmäßigem, Dysteleologischem, leicht verständlich machen. Die individuellen seelischen Faktoren, die ein Ausprobieren und Behalten des dem Einzelwesen Lustbringenden ermöglichen, führen eben zu selbstdienlich Zweckmäßigem; und daß das dem einen Individuum Lustbringende und Nützliche dem anderen verderblich sein kann, daß die selbstdienlich zweckmäßigen Eigenschaften verschiedener Lebewesen im Widerstreit stehen können und tatsächlich sehr oft stehen, liegt auf der Hand. Ferner aber macht es dem Verständnis keine Schwierigkeiten, daß die primitiven seelischen Fähigkeiten, mit denen der Psycholamarckismus zu rechnen pflegt, nur unvollkommene Zweckmäßigkeit mit Hilfe der Probierreaktionen erzielen, daß manches Unzweckmäßige dabei mit unterläuft [219]); — geben doch auch die immerhin schon viel höher

[219]) Unzweckmäßige rudimentäre Gebilde erklären sich durch gedächtnismäßiges Festhalten funktionslos gewordener Teile des Organismus, durch nur allmähliches Entschwinden ihrer Residuen aus dem organischen Gedächtnis.

entwickelten Fähigkeiten des bewußten menschlichen Seelenlebens zur Entstehung vieles Unvollkommenen und Unzweckmäßigen Anlaß. In der Tat macht manches Unzweckmäßige in der organischen Natur eher den Eindruck des „Dummen", als denjenigen des völlig Intelligenzlosen; so etwa zu Mißbildungen führende Fehlregenerationen, bei denen etwas an sich „Vernünftiges" hervorgebracht wird, z. B. ein Kopf oder ein Bein, nur eben „dummerweise" an eine Stelle, an die das Gebilde nicht gehört. [220]).

Ergebnis

Immer wieder zeigt sich, daß der eine Erklärungsversuch in dieser, der andere in jener Hinsicht Vorzüge oder auch Nachteile aufweist. Wir wollen nun rückblickend versuchen, die verschiedenen Hypothesen so zu verbinden, daß ihre Vorteile nach Möglichkeit vereint, ihre Nachteile ausgeschieden werden.

Anfänge zweckmäßiger Gallbildung, primitive Wucherungen oder einfache Verwertungen der Sproß- und Frucht-

---

[220]) Die sogenannten exzessiven Bildungen (z. B. unzweckmäßig große Hörner, Geweihe, Stoßzähne u. dgl.), die der Selektionslehre und dem mechanistisch gefaßten Lamarckismus Schwierigkeiten machen, sind den Uebertreibungen des an sich Nützlichen, die menschliche Dummheit hervorzubringen pflegt, wohl vergleichbar. Sie wären psycholamarckistisch dadurch zu erklären, daß als nützlich befundene Probierreaktionen vom Organismus festgehalten und gesteigert werden. Doch bieten sich auch Hilfshypothesen des Darwinismus zur Erklärung an; vgl. E. Becher, Theoretische Beiträge zum Darwinismus, a. a. O. S. 277.

bildungspotenzen der Wirtspflanzen usw. vermag zum Teil schon das Ausnutzungsprinzip erklären. Einzelne zweckmäßige Galleneigenschaften sind ätiologisch ohne weiteres verständlich. Der sehr erhebliche Rest der Gallenzweckmäßigkeit, der dann noch unerklärt bleibt, kann auch nicht erschöpfend durch die Selektionslehre und die bisherigen Ausgestaltungen des Lamarckismus und Psycholamarckismus [221]) verständlich gemacht werden, weil sich die fremddienliche Gallenzweckmäßigkeit nicht restlos auf selbst- oder artdienliche Zweckmäßigkeit zurückführen läßt. Im Prinzip wird die fremddienliche Zweckmäßigkeit psycholamarckistischer Erklärung zugänglich, wenn wir annehmen, daß der dienende, der Wirtspflanzen-Organismus an den inneren psychischen Zuständen, an Lust und Unlust, des von ihm bedienten Lebewesens, des Parasiten, teilnimmt. Die Teilnahme könnte körperlich vermittelt sein; körperliche Begleit- oder Ausdruckserscheinungen der seelischen Zustände des Parasiten könnten infolge der innigen Berührung die Wirtspflanze beeinflussen und zu gleichen seelischen Zuständen in ihr Anlaß geben. Indessen auch mit dieser Hilfsannahme dürfte der Psycholamarckismus die Gallenzweckmäßigkeit noch nicht restlos erklären können. Die bescheidenen seelischen Fähigkeiten, die der Psycholamarckist den Einzelorganismen zuzuschreiben pflegt, ge-

[221]) Der Psycholamarckismus steht übrigens in enger Beziehung zum Ausnutzungsprinzip und gebraucht es sozusagen als Grundlage. Durch Probierreaktionen und lustvolles Verspüren des Nützlichen ergibt sich eben, was ausnutzbar ist. Vgl. E. Becher, Naturphilosophie, a. a. O. S. 410, 411.

nügen nicht zur Erklärung von Gebilden, deren wohltätige Wirkung nicht sogleich mit ihrer Entstehung in Erscheinung tritt; es wäre nämlich vielfach zu befürchten, daß statt der wohltätigen Probierreaktion irgendeine andere Reaktion gedächtnismäßig festgehalten und gesteigert würde, die zufällig gerade zu der Zeit stattfand, als sich der Nutzen der ersteren lustbringend geltend machte. Alle solche Schwierigkeiten fallen natürlich fort, wenn man die Naturzweckmäßigkeit statt auf primitive seelische Faktoren in den Einzelorganismen auf einen höchst intelligenten Weltgrund zurückführt, der als supraindividueller, gemeinsamer Wesensgrund von Wirtspflanzen und Parasiten zugleich Gemeinsamkeit ihres Fühlens, Altruismus der Wirtspflanzen, verständlich erscheinen läßt. Leider aber stehen einer solchen Annahme der Widerstreit zweckmäßiger Eigenschaften verschiedener Lebewesen, die furchtbare Disharmonie im Reiche des Lebendigen und die dysteleologischen Erscheinungen, die „Dummheit", die sich in manchen Lebensprozessen äußert, im Wege; dieser Widerstreit und die Unzweckmäßigkeiten könnten viel eher auf Rechnung beschränkter, individueller seelischer Fähigkeiten gesetzt werden.

Es erscheint nun sehr wohl möglich, die Annahme recht beschränkter seelischer Fähigkeiten in den Einzelwesen mit der Hypothese eines überindividuellen, höheren Seelenlebens zu vereinigen. Wir brauchen ja nur anzunehmen, daß das überindividuelle Seelenleben mit seinen Verzweigungen in die lebenden Einzelwesen hineinragt, etwa daß ein kleiner

Schößling von ihm, der aus dem Seelischen in den Eltern entsproßt und sich ablöst, bei der Entstehung eines organisierten Gebildes zu diesem in engere Beziehung tritt, um es zweckmäßig leitend zu beeinflussen; — in entsprechender Weise wäre auch die alte Frage nach der Herkunft unseres eigenen bewußten Seelenlebens zu beantworten —. Daß die seelischen Faktoren im Einzelwesen meist sehr beschränkt sind, wäre daraus zu verstehen, daß nur ein winziger Teil des überindividuellen Seelenwesens in jenem wirkt. Aus dieser Beschränktheit des im Einzelwesen wirksamen Seelischen würde sich die Unvollkommenheit der organischen Zweckmäßigkeit, das Dysteleologische erklären; dies individualisierte Seelische würde etwa in der Weise wirken, wie es der Psycholamarckismus annimmt. Weil in verschiedenen Lebewesen verschiedene beschränkte Teile des überindividuellen Seelenwesens wirksam sind, können deren zweckmäßige Leistungen in härtestem Widerstreit stehen. So würde sich die Disharmonie im Reiche der Organismen erklären aus der Verzweigung des überindividuellen Seelischen in eine ganze Anzahl individualisierter seelischer Teilwesen, die in verschiedenen Einzelwesen wirken. Doch würde es sich immerhin gelegentlich, etwa im Altruismus der Wirtspflanzen gegen ihre Gäste, geltend machen, daß die verschiedenen seelischen Zweige einem seelischen Stamme angehören, daß es das gleiche überindividuelle Seelenwesen ist, welches durch seine Teile Wirtspflanzen und Parasiten belebt. Und in Eigenschaften und Einrichtungen der Organismen, die nicht auf beschränkte seelische Fähigkeiten zurückgeführt werden können, würde die hohe Intelligenz und reiche Erfahrung des überindividuellen Seelenwesens offenbar werden. Denn dieses wird sich in den Einzelwesen, in die es ja mit seinen Verzweigungen hineinreicht, und an deren Erfahrung, Lust und Leid es so teil hat, zweckmäßig leitend betätigen können[222]). Und r e i c h e Erfahrung über die Erfolge unzähliger Probierreaktionen usw. mag ihm zugeschrieben werden, eben weil es teil hat an all den Erfahrungen seiner Verzweigungen in den Einzelwesen, Erfahrungen, die es mit hoher Intelligenz zu verwertbarem Wissen verarbeiten mag.

Kurz, zahlreiche selbstdienlich zweckmäßige Eigenschaften, aber auch ihr Widerstreit, die Disharmonie im Reiche der Organismen sowie das Unzweckmäßige und „Dumme" an ihnen käme auf Rechnung der individualisierten seelischen Faktoren, der Altruismus, fremddienliche und durch den bisherigen Psycholamarckismus nicht erklärliche, höhere Intelligenz voraussetzende Zweckmäßigkeit auf Rechnung des überindividuellen Seelenwesens. Doch wird den individualisierten seelischen Teilwesen gelegentlich auch höhere Intelligenz zu-

[222]) Die starken Anklänge unserer Ausführungen an Fechnersche Gedankengänge mögen darauf hinweisen, daß unsere Hypothese allenfalls auch im Sinne des Parallelismus umdeutbar wäre, wie dies Prochnow und S. Becher in oben zitierten Schriften bezüglich des Psycholamarckismus betont haben.

Vgl. G. Th. Fechner, Zend-Avesta. 3 Bde. Leipzig 1851, [3] hrsg. v. K. Laßwitz, 2 Bde. Leipzig 1906; ders., Die Tagesansicht gegenüber der Nachtansicht. Leipzig 1879, [2] 1904, sowie mehrere andere Werke F.s.

kommen können; so erklärt sich der Widerstreit zwischen Zweckmäßigkeitserscheinungen, die auf primitive seelische Fähigkeiten nicht zurückführbar sind, falls man seinen Grund nicht direkt im überindividuellen Seelenwesen und seinem Wollen suchen mag.

Zweifellos werden viele Biologen solche Gedanken als metaphysische Verirrungen weit von sich weisen. Die Bezeichnung „metaphysisch" gilt ja vielfach fast als ein Scheltwort. Aber jene Biologen sollten aus der Entwicklung der Physik in der jüngsten Vergangenheit lernen [223]). Da wurde unlängst etwa die ganze Atomistik als metaphysisch gar sehr in Mißkredit gebracht, und es schien fast, als solle sie den „antimetaphysischen" Idealen der Naturwissenschaft für immer weichen. Und man hatte nicht Unrecht, die Atomistik als metaphysisch zu bezeichnen; bildete sie doch den Kern echt metaphysischer Systeme antiker und neuerer Philosophen; ließ sich doch nicht leugnen, daß die Atomistik der Physiker und Chemiker historisch auf die Atomistik der Metaphysiker zurückging.

Inzwischen aber hat diese antimetaphysische Richtung in Physik und Chemie eine völlige Niederlage erlitten; die als metaphysisch bekämpfte Atomistik aber hat so zahlreiche und glänzende Erfolge davongetragen, daß selbst alte Feinde wieder zu ihren Fahnen übergegangen sind.

---

[223]) Vgl. zum folgenden etwa E. Becher, Naturphilosophie, a. a. O. S. 209 ff.; ders., Weltgebäude, Weltgesetze, Weltentwicklung. Berlin 1915, S. 91 ff.

Die oben skizzierte biologische Hypothese aber ist von gleicher Art wie jene physikalischen Lehren, die man vor nicht langer Zeit als metaphysische Spekulationen verketzerte. Dies wird noch deutlicher, wenn wir unsere biologische Hypothese eines überindividuellen Seelenwesens mit der physikalischen Hypothese eines alle Körper umfassenden und durchdringenden Aethers vergleichen, der die sichtbaren Einzeldinge auch sozusagen als überindividuelle All-Substanz einschließt und durchsetzt. Nun begegnet freilich die Aetherhypothese auch zurzeit manchem Zweifel, aber nicht deshalb, weil sie metaphysisch ist, sondern weil gewisse Erfahrungstatsachen ihr große Schwierigkeiten bereiten. In der Physik aber werden gegenwärtig manche Hypothesen, z. B. verschiedene Formen der modernen Relativitätstheorie, sehr ernsthaft diskutiert, die an Kühnheit unsere biologische Hypothese weit überragen.

Viele Biologen werden einen wesentlichen Unterschied unserer Hypothese von jenen kühnen physikalischen Spekulationen darin erblicken wollen, daß wir mit s e e l i s c h e n Faktoren rechnen. Das pflegt man nicht selten als „mystisch" ohne weiteres zu verwerfen [224]). Aber seelische Fähigkeiten wie die des Empfindens, des Erlebens von Lust und Unlust, des Gedächtnisses, der Intelligenz haben an sich nichts Mystisches an sich. Das Operieren mit ihnen kann sich so gut auf

---

[224]) Vgl. E. Becher, Leben und Seele, a. a. O. S. 271; ders., Leben und Beseelung, a. a. O. S. 61.

Erfahrung stützen, wie das Arbeiten mit materiellen Faktoren. Nur kommt bei jenen die psychologische Erfahrung in Betracht; ihr wird die empirische Psychologie im Laufe der Zeit schon größere Geltung auch in der Biologie verschaffen; denn kein empirischer Forscher kann auf die Dauer die Augen davor verschließen, daß seelische Vorgänge bei den Lebewesen eine bedeutsame Rolle spielen.

Gewiß ist das überindividuelle Seelenwesen, von dem wir sprechen, nicht in der Erfahrung gegeben; aber der Aether, die Moleküle, Atome und Elektronen sind ebensowenig empirisch gegeben, sondern lediglich nach Analogie der Gegenstände der Sinneswahrnehmung denkbar, wie überindividuelles Seelisches nach Analogie der Gegenstände der Selbstwahrnehmung denkbar ist[225]. Wir können in der Wissenschaft, auch in der Biologie, gar nicht auskommen, ohne die Erfahrung weit zu überschreiten, wie die erkenntnistheoretische Besinnung eindringlich dartut[226]. Auch der biologische Mechanismus oder die Selektionslehre können als metaphysisch bezeichnet werden; der Mechanismus stammt historisch aus alter philosophischer Metaphysik, und bei der Selektionshypothese zeigt der um sie entbrannte Kampf deutlich genug, daß sie über das Festland sicherer Erfahrung weit hinausreicht. Mechanistisch und selektionistisch gesinnte Biologen sollten also unserer Hypothese eines überindividuellen Seeli-

[225]) Vgl. dazu B. Erdmann, Logik. 1. Bd. Logische Elementarlehre. 2 Halle 1907, S. 119 f.

[226]) E. Becher, Naturphilosophie, a. a. O. S. 35 ff.

schen nicht entgegenhalten, sie sei metaphysisch und überschreite die Erfahrung. Beides kann man von allen Zweckmäßigkeitserklärungen und Lebenshypothesen sagen.

Es ist aber vor allem noch ein weiteres Bedenken, das vielfach ausgesprochen wird und vielleicht noch häufiger unausgesprochen stark mitwirkt, wenn vitalistische Hypothesen wie die unsrige als metaphysisch abgelehnt werden: Man befürchtet, daß religiöse Motive bei der Aufstellung solcher Hypothesen stark mitspielen, die so zu störendem Einfluß auf die Forschung gelangen könnten. Die Geschichte des Verhältnisses von Religion und Wissenschaft verleiht solchen Befürchtungen gewichtigen Ernst; es läßt sich nicht leugnen, daß tiefste Wünsche des menschlichen Herzens, wie sie in den Formen der religiösen Weltanschauung Gestalt gewinnen, das unbefangene wissenschaftliche Wahrheitsstreben stören können [227]).

Gegen solche Störung gibt es indessen eine bessere Abwehr als die summarische Ablehnung aller mit psychischen Faktoren rechnenden biologischen Hypothesen. Es gilt, darauf zu achten, daß bei der wissenschaftlichen Gestaltung der-

---

[227]) Anderseits will es dem Verfasser scheinen, als ob die Uebertreibung solcher Befürchtungen es zuweilen mit sich brächte, daß rein wissenschaftlich begründete Gedanken bei manchen Forschern schon darum Mißtrauen und starke Bedenken erwecken, weil sie möglicherweise im Sinne religiöser Weltanschauung ausgedeutet werden könnten. Auch dies kann die sachlich-wissenschaftliche Beurteilung empfindlich stören.

artiger Hypothesen nicht mehr behauptet wird, als durch die zu erklärenden Tatsachen nahegelegt und durch rein wissenschaftliche Gesichtspunkte gefordert wird. Durch den Umstand, daß andere Hypothesen zuweilen versagen, und daß die psychischen Fähigkeiten des Menschen tatsächlich viel Zweckmäßiges neben Unvollkommenem und Unzweckmäßigem hervorbringen, ist die psychistische Erklärung der organischen Zweckmäßigkeit nahegelegt. Die fremddienliche Zweckmäßigkeit der galltragenden Pflanzen, die ihrerseits durch andere Hypothesen nicht restlos erklärt wird, legt dann den weiteren Gedanken nahe, daß die Wirtspflanzen an psychischen Zuständen der Parasiten teilnehmen; diese Teilnahme könnte man sich durch körperliche Begleiterscheinungen jener psychischen Zustände vermittelt denken. Traut man den Wirtspflanzen dann noch ziemlich hohe seelische Fähigkeiten zu, so kann nunmehr die ganze Gallenzweckmäßigkeit verständlich erscheinen. Hält man aber auf Grund vergleichend psychologischer Betrachtung es für geboten, den Pflanzen nur primitivste seelische Fähigkeiten als individuellen Besitz zuzuschreiben — was viel für sich hat [228]) —, so ist ein höher befähigtes Seelenwesen anzunehmen, das in den Wirtspflanzen zweckmäßig wirkt; und die Annahme, daß das gleiche Seelen-

[228]) Ist doch nicht einmal assoziatives Gedächtnis bei Pflanzen zweifelsfrei sichergestellt, sondern nur hypothetisch erschlossen. Verf. hat versucht, bei Mimosen in fast ein halbes Jahr lang täglich mehrfach wiederholten Versuchen eine nachweisbare Assoziation hervorzurufen, ist aber bisher nicht zu einem bestimmten Erfolge gelangt.

wesen auch in die ja ihrerseits zweckmäßig organisierten Parasiten hineingreift, ist durch die Fürsorge der Wirtspflanzen für ihre Gäste nahegelegt.

So kämen wir ausschließlich durch theoretisch motivierte Ausdeutung biologischer Tatsachen zur Hypothese eines höher befähigten Seelenwesens, das über Wirtspflanzen- und Parasitenindividuen steht und in diese zweckmäßig wirkend hineinreicht. Man mag diese Hypothese aus theoretischen Gründen als zu wenig wahrscheinlich beiseite schieben; man wird sie nicht als metaphysisch oder mystisch prinzipiell ablehnen dürfen.

Ganz anders läge die Sache, wenn wir religiöse Vorstellungen bestimmenden Einfluß auf die biologische Hypothese gewinnen ließen und etwa aus der fremddienlichen Zweckmäßigkeit sofort einen allgegenwärtigen, allgütigen, allweisen Gott erschließen wollten. Was uns durch die Gallenzweckmäßigkeit hinreichend nahegelegt erschien, um einmal in ernste Erwägung gezogen zu werden, bleibt in seiner reservierten Unbestimmtheit noch sehr weit hinter einer derartig bestimmten Gottesvorstellung zurück. Unsere Hypothese spricht nicht von Unendlichkeit und Allwissenheit; sie entscheidet einstweilen nicht einmal, ob das Seelenleben a l l e r Organismen in unserem von den Gallen her erschlossenen überindividuellen Seelischen wurzelt, ob der überindividuelle Zusammenhang der in Einzelorganismen wirksamen seelischen Faktoren eine materielle Grundlage noch außerhalb der Organismen besitzt, und was dergleichen auf nähere Bestimmung zielende Fragen mehr sind. Die Ueberbestimmtheit, d. h. die durch Tatsachen nicht gerechtfertigte allzu bestimmte Ausmalung von Hypothesen, hat diesen schon oftmals Schwierigkeiten bereitet, wie die Entwicklung der Lichthypothesen sehr eindrucksvoll zeigt [229]). Vor Ueberbestimmtheit haben wir also unsere Hypothese zu bewahren, solange wir auf dem Boden der Wissenschaft bleiben wollen.

Damit ist aber keineswegs gesagt, daß die Hypothese eines überindividuellen Seelischen überhaupt keine genauere Bestimmung zulasse; es ist lediglich gefordert, daß solche Bestimmung innerhalb der Wissenschaft nur aus rein wissenschaftlichen Gründen erfolgen dürfe. Derartige Gründe werden sich, so steht vielleicht zu hoffen, biologischen Tatsachen noch einmal entnehmen lassen. Wir haben einstweilen uns ja im wesentlichen auf ein ganz enges Gebiet biologisch-teleogischer Erscheinungen beschränkt. Durchmusterung des ganzen, weiten Reiches der Organismen und aller ihrer zweckmäßigen Eigenschaften mag weiterführen.

Für die Ueberprüfung und Ausgestaltung unserer Hypothese kommen vielleicht noch andere, allgemeinere und speziellere Wechselbeziehungen von Tieren und Pflanzen (und Bakterien) in Betracht, ferner überhaupt Lebensgemeinschaften verschiedener Art, die staatsdienliche Zweckmäßigkeit und andere Erscheinungen bei staatenbildenden Tieren [230]),

[229]) Vgl. E. Becher, Naturphilosophie, a. a. O. S. 184 f.

[230]) K. C. Schneider spricht bereits von einem „Staatssubjekt" bei Bienen und Ameisen; vgl. Vorlesungen über Tierpsychologie. Leipzig 1909, S. 117.

möglicherweise auch die nachkommen- und artdienlichen Eigenschaften der Organismen; zweckmäßige Instinkte spielen bei alledem eine große Rolle. Man wird auch an die nachkommen- und artdienlichen Instinkte des Menschen denken, an altruistische [231]), soziale und Gewissensgefühle. Andere Erklärungsmöglichkeiten sind dabei nicht außer acht zu lassen. Es ist aber bekannt, daß z. B. die speziellen zweckmäßigen Eigenschaften von nicht fortpflanzungsfähigen Mitgliedern der Insektenstaaten selektionistischem wie lamarckistischem Verständnis Schwierigkeiten bereiten.

Insbesondere verspricht genauere Untersuchung der Instinkte eine Förderung unserer Hypothese. Oftmals hat man auf die instinktive Kenntnis hingewiesen, die manche Lebewesen von anderen (von Feinden, von Angehörigen des anderen Geschlechtes, von zur Nahrung dienenden Organismen) zu haben scheinen; es liegt nicht fern, solche dem Individuum eingeborene Kenntnis zurückzuführen auf das überindividuelle Psychische, in dem das Einzelwesen mit seiner Seele wurzeln mag [232]). Das überindividuelle Psychische

---

[231]) Es sei an die oben (S. 114) skizzierte, von Schopenhauer vertretene Erklärung des Mitleids erinnert.

[232]) „Die instinktive Kenntnis, die eine Art von der anderen in bestimmten Punkten besitzt, hat also ihre Wurzel in der Einheit des Lebens selber, das — um den Ausdruck eines alten Philosophen zu gebrauchen — ein ‚sich selber sympathisches' Ganzes ist" (Bergson, a. a. O. S. 172; ähnliche Gedanken finden sich nicht selten bei deutschen Metaphysikern).

reicht ja nach der dargelegten Hypothese auch in die anderen Organismen hinein, formt und entwickelt sie, erfährt und behält, was jene erfahren. So mögen unter Umständen die Kenntnisse und Erfahrungen, die das überindividuelle Psychische besitzt, die es etwa in anderen Lebewesen gesammelt hat, in einem Organismus lebendig und wirksam werden, der sie nicht sammeln konnte; sie erscheinen dann als eingeborene und instinktive. „Und unmöglich ist es, gewisse eigentümliche, offensichtlich unter ungewöhnlichen Verhältnissen entstandene Instinkte von Pflanze und Tier zu betrachten, ohne sie in die Nähe jener scheinbar vergessenen Erinnerungen zu rücken, die unter dem Druck dringender Not plötzlich emportauchen [233])." Das „Hellseherische", das man dem Instinkt zugeschrieben hat, würde in der Tat wohl verständlich, wenn man die instinktiven Handlungen und etwaigen eingeborenen Kenntnisse der Einzelwesen zurückführen dürfte auf Erfahrungen und Einsichten des in die verschiedenen Organismen sich verzweigenden überindividuellen Seelischen.

Gewiß sind derartige Betrachtungen recht problematisch. Aber die Häufung von Indizien kann vielleicht das Gewicht unserer Annahme in beachtenswerter Weise steigern. Fassen wir also eine Tatsache ins Auge, durch die Bergson die Hypothese eines überindividuellen Lebensfaktors begründet! Dieser offenbart sich vielleicht „durch Auftreten identischer

[233]) Bergson, a. a. O. S. 172.

Organe bei sehr verschiedenartigen Organismen"[234]). Bergson erinnert an die in der Tat höchst merkwürdigen Uebereinstimmungen in der Sexualität von Pflanzen und Tieren: „. . . Nicht nur, daß die Befruchtung der höheren Pflanzen mit der des Tieres identisch ist — indem sie hier wie dort in der Vereinigung zweier Halbkerne besteht, die vor ihrer Vereinigung nach Eigenart und Bau verschieden und unmittelbar nachher äquivalent sind —, sondern auch die Vorbereitung der Geschlechtsprodukte vollzieht sich bei beiden unter ähnlichen Bedingungen: sie besteht im wesentlichen in der Reduktion der Chromosomenzahl und in Ausstoßung einer gewissen Menge chromatischer Substanz. Dennoch haben Pflanzen und Tiere sich auf unabhängigen Linien entwickelt, von ungleichen Umständen gefördert, von ungleichen Hindernissen gehemmt. . . . Zur Herbeiführung ihrer morphologischen und funktionellen Entwicklung sind bei jeder von ihnen Tausende und Abertausende von Ursachen zusammengeschossen. Und doch haben sich diese unendlich verwickelten Ursachen hier wie dort zur selben Wirkung summiert[235])." Wenn so unter ganz verschiedenen materiellen Voraussetzungen „identische" Sexualerscheinungen bei Pflanzen und Tieren zustande gekommen sind, so legt dies in der Tat den Gedanken nahe, daß dabei ein und derselbe immaterielle Lebensfaktor im Spiele sein möge.

---

[234]) Bergson, a. a. O. S. 60.

[235]) Ebendort S. 65, 66.

Bergson beruft sich auf ein zweites Beispiel: „Stellen wir ... neben das Auge eines Wirbeltieres das einer Molluske, wie etwa der Kammuschel, so erscheinen im einen wie im anderen dieselben wesentlichen und aus analogen Elementen zusammengesetzten Teile [236])." Woher diese Gleichartigkeit bei einander so fernstehenden Lebewesen? Bergson legt die Schwierigkeiten mechanistischer Erklärungen solcher Uebereinstimmungen dar und meint, daß nur die Annahme eines überindividuellen immateriellen Lebensfaktors übrig bleibe. Wie man aber auch darüber denken mag, jedenfalls lassen sich derartige Erscheinungen leicht im Sinne unserer Hypothese ausdeuten.

Darum sei der Hinweis auf ein weiteres Beispiel gestattet, das wohl noch seltsamer anmutet; es sei an die oben bereits erwähnte Aehnlichkeit der Gallen mancher Pflanzen mit den Früchten ganz anderer Pflanzen erinnert. Da drängt sich in der Tat der Eindruck auf, daß ein überindividueller Lebensfaktor die gleiche in ihm liegende „Potenz" oder „Idee" bei verschiedener Gelegenheit realisiere. Formen, die das überindividuelle Psychische bei der Fruchtbildung erprobt hat, verwendet es auch bei der Gallbildung, bei der sich eine ähnliche Aufgabe bietet [237]).

236) Bergson, a. a. O. S. 68.

237) Es mag dahingestellt bleiben, ob diese Aehnlichkeit nicht eine rein zufällige ist. Vgl. S. 67, Anmerkung.

Es fehlt also nicht an Ansatzpunkten zur Prüfung und Ausgestaltung der Hypothese eines überindividuellen vitalen Faktors.

Wir haben geglaubt, diesen Lebensfaktor in psychovitalistischem Sinne deuten, ihm seelische Natur zusprechen zu sollen. Zur weiteren Ausbildung aller psychovitalistischen Hypothesen kommt vor allem ein genaueres Studium der Art und Weise in Betracht, wie das uns am besten zugängliche eigene bewußte Psychische, wie die grundlegenden Fähigkeiten der Lust und Unlust, des Gedächtnisses mit Assoziation und Reproduktion usw. bei menschlichen Reaktionen zweckmäßig leitend wirken [238]).

Von einer Verwertung des gesamten biologischen, psychologischen und psychophysiologischen Tatsachenmaterials, das für unsere psychologisch-biologische Hypothese in Frage kommt, mag man eine bestimmtere Ausgestaltung und Förderung oder auch eine Entkräftung derselben erhoffen. Manche Gegner der Lehre von der Vererbung erworbener Eigenschaften werden vielleicht meinen, unsere Hypothese sei mitsamt dem ganzen Psycholamarckismus unhaltbar, weil vom

---

[238]) Der Verf. hat versucht, eine bestimmtere Gedächtnishypothese im Anschluß an die psychovitalistische Vorstellung von der leitenden, richtunggebenden Funktion des Selischen im Organismus, auch im Großhirn, zu entwickeln. Vgl. E. Becher, Ueber physiologische und psychistische Gedächtnishypothesen. Arch. f. d. ges. Psychol. 35 S. 125 ff., 150 usw.

Organismus erlernte, etwa als lustbringend gedächtnismäßig festgehaltene Reaktionen nicht erblich seien, wie sich ja z. B. auch das erlernte Können des Klavierspielers nicht vererbe. Ferner mag man bezweifeln, daß allen Lebewesen (und ihren Teilen) Gedächtnis zukomme. Aber auch wenn wir beide Einwände gelten lassen, wird unsere Hypothese noch nicht unmöglich. Statt der individuellen seelischen Faktoren könnte das überindividuelle Seelische, wie angedeutet wurde, die erfolgreichen Probierreaktionen und andere förderlichen Funktionen im Gedächtnis festhalten und so Erfahrungen sammeln, die es bei passender Gelegenheit an diesem oder jenem Organismus verwerten könnte. Würde das überindividuelle Seelische z. B. einen Gestaltbildungsprozeß, der bei irgendeinem Organismus als nutzbringend erprobt worden ist, bei der Entwicklung eines anderen Organismus und seiner Nachkommen verwerten, so würde die betreffende Gestaltung bei diesen als völlig neue Bildung, als eine nützliche Mutation erscheinen. Gerade eine Ausgestaltung unserer Hypothese in dieser Richtung hätte manches für sich.

Nach all unseren Rechtfertigungsbemühungen bleibt der vorgeschlagene Erklärungsversuch doch ein gewagter, und man mag ihm gegenüber darum einstweilen einige Zurückhaltung üben. Diese schließt aber weitere Erwägung, Erprobung und Ausgestaltung der Hypothese nicht aus; sie scheinen mir trotz aller Zurückhaltung sehr am Platze, weil es um die anderen Wege zur Erklärung der Gallenzweckmäßigkeit so schlecht bestellt ist.

Gerade darum aber erscheint ein Hinweis auf diese fremddienliche Zweckmäßigkeit jedenfalls nicht überflüssig, wie man auch über unseren Erklärungsversuch denken mag[239]).

[239]) Meinem Kollegen Herrn A. Heilbronn, der mir Literatur aus dem botanischen Institut zu Münster freundlichst zur Verfügung stellte, sei auch hier herzlich gedankt.

Inhaltsverzeichnis.

Druck von Dr. Reinhold & Co., Leipzig.

Druck von Dr. Reinhold & Co., Leipzig.

Kolibri 360 GmbH
Ferdinand-Jühlke-Straße 7
99095 Erfurt, Deutschland
produktsicherheit@kolibri360.de